한국수학교육학회 수학교사 시리즈 3

초등학교 교사를 위한

대 수 학

신현용 지음

KYOWOO CO. Publishing

敎友社

서 문

이 책은 초등학교 교사 양성을 목표로 하는 대학이나 초등학교 현직 교사를 대상으로 하는 교육대학원을 위하여 한국수학교육학회가 수학교사 시리즈 중 하나로 개발한 한 학기용 대수학 교재이다. 초등학교 수학에서 차지하는 대수적 내용의 비중으로 보아 이 책의 내용은 초등학교 모든 (예비)교사에 필요하다고 여겨지지만 수학을 심화하는 경우에 더욱 적절할 것이다.

이 책을 집필하면서 다음 사항에 유념하였다.

- 이 책은 대수학 전반을 아우르되 초등학교 교육과정과 긴밀히 연관된 내용을 중심으로 한다.
- 이 책을 통하여 수학의 한 영역으로서 대수학의 본질과 특성을 이해하게 한다.
- 이 책을 통하여 '이야기로서의 대수학(algebra as a story)'을 이해하게 한다. 이를 위하여 다양한 작문(에세이) 형식의 과제를 제시한다.

이 책의 집필을 위하여 오랜 기간에 걸쳐 구상하며 논의하였고, 나름대로 많은 노력을 기울였으나 저자의 능력 한계로 부족한 모습임을 부끄럽게 생각한다. 일단 내놓고 활용해 가며 충분한 기간에 걸쳐 계속 다듬어 나갈 계획이다.

이 책을 집필하는 과정에서 신기철 군은 내용 전체를 검토하고 몇 몇 오류를 지적하였다. 김혜령 양, 송아영 양, 임지예 양, 장재민 군, 조현득 군, 그리고 한아연 양의 도움이 적지 않았다. 내용 전개의 거침과 비약을 지적하였고 제시된 과제를 풀었다.

수학교사 시리즈를 출판하여 주신 교우사 오판근 사장께 감사드린다.

이 책이 초등학교 교사양성대학이나 교육대학원에 조금이나마 도움이 된다면 큰 보람이겠다.

2006년 12월 聖住골에서

지은이

참고 사항

이 책은 내용 전개에 필요한 최소한의 내용을 포함한다. 대수학에 관한 더 깊이 있고 폭넓은 논의를 위해 신현용(2006, 2007a, 2007b, 2007c)을 참고할 것을 권한다.

이 책에는 과제와 토의 및 참고 자료가 제시된다. 과제 대부분의 풀이는 책 뒤에 부록으로 제공되고 토의 및 참고 자료와 관련된 내용은 다음 홈페이지에 제공된다. 이 홈페이지를 이 책에서는 간단히 '자료'라고 표기한다.

http://www.teacheredu.co.kr/논문 및 교수학습 자료

이 책에서는 초등학교 수학과 직접적으로 관련된 정수론과 현대대수학을 주로 다룬다. 대수학의 주요 영역인 선형대수학은 별도로 다루지 아니하고 대수적 구조 차원에서 선형구조(벡터 공간)를 다루고 선형대수학의 주요 주제인 행렬과 행렬식은 맨 뒤에서 참고 자료로 간략히 다룬다.

이 책에서의 과제나 토의 및 참고 자료 중 '알아보아라' 나 '확인하여라'의 문제는 증명이 가능한 경우도 있지만 증명 없이 대략 이해하는 것을 뜻한다. 특히, * 표가 된 과제나 토의 및 참고 자료는 생략하여도 무방하다.

이 강좌에서는 수학적 명제를 기술할 때 보편적으로 사용되는 수학적 기호(예를 들어, '임의의'를 뜻하는 '∀'나 '존재한다'를 뜻하는 '∃' 등)는 특별한 설명 없이 사용한다.

이 강좌의 선수과목으로서 한 학기 정도의 기초적인 집합론을 요구하지만 집합론에 관련된 상당 부분은 과제 풀이 형식으로 이 책에 제시된다.

권장 사항

채점이나 성적 처리 과정에서 조교의 지원을 받을 수 있는 경우에는 다음과 같은 강좌 운영을 권장한다.

이 강좌의 내용과 관계있는 몇 권의 교양도서를 필독서로 지정한다. 이는 학생들로 하여금 보다 넓은 (대)수학적 지식을 종합적으로 습득하도록 도울 것이다. 강의 첫 시간에 필독서의 전체 내용을 간략히 소개하고, 이 강좌와의 관련성을 설명한다. 필독서로 지정할 수 있는 도서 목록에 관해서는 다음을 참고할 수 있다.

http://www.teacheredu.co.kr/수학교사를 위한 추천도서

이 책은 수강생의 적극적인 동참을 전제하고 구성하였다. 정기적(예를 들어, 격주로)으로 전에 학습한 내용을 간단히 평가한다. 이러한 사실을 학기 초에 공지함으로 강의에 성실히 임하도록 한다. 중간평가와 기말평가를 통하여서는 학습 내용을 종합적으로 이해하도록 유도한다.

강의가 진행되는 동안 수시로 초/중등학교 교과서와 교육과정 해설서를 살펴보도록 한다. 이 강좌는 강사의 강의, 적절한 웹 사이트의 활용, 필독서를 위시한 폭넓은 독서, 그리고 초/중등학교 교과서 연구 등으로 이루어진다.

기 호

$\mathbb{N}$: 자연수 전체로 이루어진 집합

$\mathbb{Z}$: 정수 환(정수 전체로 이루어진 환)

$\mathbb{Q}$: 유리수 체(유리수 전체로 이루어진 체)

$\mathbb{R}$: 실수 체(실수 전체로 이루어진 체)

$\mathbb{C}$: 복소수 체(복소수 전체로 이루어진 체)

$\mathbb{R}^n = \mathbb{R} \times \cdots \times \mathbb{R}$: 실수 체 $\mathbb{R}$ 위에서의 n차원 벡터 공간

$\mathrm{Mat}_{m\times n}(\mathbb{R})$: 실수 성분을 가지는 $m\times n$행렬 전체의 집합

$\mathrm{Mat}_{n\times n}(\mathbb{R})$ $(\equiv \mathrm{Mat}_n(\mathbb{R}))$: 실수 성분을 가지는 $n\times n$행렬 전체의 집합

$\mathrm{GL}_n(\mathbb{R})$: 실수 성분을 가지는 $n\times n$ 정칙 행렬 전체의 집합

$\mathbb{Q}[x]$: 유리계수다항식 전체로 이루어진 집합

I_n : $n\times n$ 항등(단위)행렬

S_n : n차의 대칭군(symmetric group of degree n)

$S_X = \{f \mid f : X \to X$는 치환$\}$

$\mathbb{Z}_n$: (잉여류)군, (잉여류)환

G/H : 부분구조 H에 의한 G의 동치류 전체의 집합

$H \leq G$: H는 G의 부분구조(부분군, 부분환, 부분공간)

$|G:H|$: 군 G에서의 부분군 H의 지수

$|A|$: 행렬 A의 행렬식, 유한 집합 A의 위수, 유한 군 A의 위수

e : 군의 항등원

0 : 환의 덧셈에 관한 항등원 즉, 영원

1 : 군의 항등원 또는 환의 곱셈에 관한 항등원 즉, 단위원

x^{-1} : 군 G의 원소 x의 역원 또는 환 R의 원소 x의 곱셈에 관한 역원

$-x$: 가환군 G의 원소 x의 역원 또는 환 R의 원소 x의 덧셈에 관한 역원

$G \cong H$: 두 군(환, 벡터공간) G와 H는 동형(isomorphic)이다.

$\mathrm{Ker}\ f = \{x \in G \mid f(x) = e\}$: (군 또는 환) 준동형사상 또는 선형사상 f의 핵(kernel)

$\mathrm{Im}\ f = \{f(x) \mid x \in G\}$: (군 또는 환) 준동형사상 또는 선형사상 f의 상(像, image)

차 례

서문 ········· iii

참고 사항 ········· v

권장 사항 ········· vii

기호 ········· viii

Ⅰ. 들어가며 ········· 1

대수학 ········· 1

중요한 집합 ········· 3

초등학교 수학과 교육과정과 대수학 ········· 6

Ⅱ. 집합론 ········· 15

수리 논리 ········· 17

관계 ········· 19

동치 ········· 19

함수 ········· 20

순서 ········· 22

가부번 집합 ········· 23

자연수 ······ 24

학교 수학과 실생활에서의 집합론 ······ 25

Ⅲ. 정수론과 그 응용 ······ 33

대수학과 연산 ······ 35

정수론의 주요 내용 및 응용 ······ 40

약수와 배수 ······ 41

여러 가지 성질 ······ 44

일차부정방정식 ······ 52

소수 ······ 56

합동 ······ 61

일차합동식 ······ 69

일차 연립 합동식 ······ 73

학교 수학에서의 정수론 ······ 77

실생활에서의 정수론 ······ 79

Ⅳ. 대수적 구조 ······ 83

대수적 구조 ······ 85

군의 정의 ······ 86

환의 정의 ······ 87

벡터공간의 정의 ······ 90

군의 예 ······ 93

환의 예 ………… 95

벡터공간의 예 ………… 100

군의 기본 성질 ………… 100

환의 기본 성질 ………… 102

학교 수학과 실생활에서의 대수적 구조 ………… 105

V. 대수적 부분구조 : 부분군, 부분환, 부분공간 ………… 111

부분군의 정의 ………… 114

부분군의 판별 ………… 115

부분환의 정의 ………… 118

부분환의 판별 ………… 120

부분공간의 정의 ………… 121

부분공간의 판별 ………… 122

부분군에 의한 동치 관계 ………… 123

부분환과 부분공간에 의한 동치 관계 ………… 128

학교 수학과 실생활에서의 부분구조 ………… 131

VI. 대수적 구조를 비교하기 위한 함수 :

군(환)준동형사상, 선형사상 ………… 133

대수적 구조의 비교 ………… 134

군준동형사상 ………… 135

환준동형사상 ………… 139

선형사상 142

학교 수학에서의 함수 145

Ⅶ. 마무리 161

평가 문항 Ⅰ 162

평가 문항 Ⅱ 167

부 록

과제와 평가 문항의 일부에 관한 해답 또는 힌트 179

참고 문헌 260

영문찾아보기 261

한글찾아보기 266

I

들어가며

대수학

대수학에서는 연산이 정의된 집합을 주로 다룬다. 이와 관련된 영역으로서 다음을 들 수 있다.

집합론

전통적으로 집합론은 '수학기초론(Foundations of Mathematics)'의 한 분야로 다룬다. 대수학 영역이라고는 할 수 없지만 대수학의 기초 분야로서 간략히 소개한다. 이 책은 선수 과목으로서 집합론을 요구한다. 따라서 여기서 자세히 다루지는 않고 그 내용을 개괄적으로 요약한다.

정수론

학교수학과 직접적으로 관련된다. 약수와 배수, 일차 부정방정식, 합동식 정도를 다룬다. 수학사적 내용도 언급한다. 제곱(이차) 잉여와 이산 대수 등에 관하여는 다루지 않는다.

선형대수학

모든 수학의 분야에서 매우 중요하지만 초등학교 교육과정과는 직접적인 관계가 크지 않음으로 이 책에서는 상세한 논의를 생략한다.

현대대수학

군, 환, 그리고 벡터공간의 개념과 예, 그리고 간단한 성질을 다룬다. 대수적 구조를 비교하는 함수도 간단히 다룬다. 학교수학과 연계하여 대수적인 구조 이해에 중점을 둔다. 대수적 구조의 응용으로서의 작도가능성 문제는 간략히 자료로 제시한다.

응용대수학

현대 암호학과 부호이론에서 정수론, 선형대수학, 현대대수학 등은 결정적인 역할을 한다. 이 책에서는 응용대수학을 체계적으로 다루지 않는다. 응용대수학에 관한 보다 자세한 내용을 위해서는 '자료 : 대수학과 정보보호', '자료 : 대수학과 정보통신', 박승안(2000, 2003), 또는 신현용(2006, 2007b, 2007c)을 참고할 수 있다.

중요한 집합

이 책에서는 다음 집합들을 주로 활용한다.

가. $\mathbb{N}=\{1, 2, 3, 4, \cdots\}$

자연수 전체의 집합으로서 덧셈에 관하여 닫혀있다. 뺄셈에 관하여 닫혀있지 않다. 즉, 뺄셈은 정의되지 아니한다. 뺄셈이 가능하기 위해서는 더 큰 수의 집합으로 확장하여야 한다.

과제 1.1 정수의 정렬성을 설명하여라.

나. $\mathbb{Z}=\{\cdots, -3, -2, -1, 0, 1, 2, 3, \cdots\}$

정수 전체의 집합으로서 덧셈, 뺄셈, 곱셈에 관하여 닫혀있다. 중요한 대수적 구조(군, 환)의 원형이다.

다. $\mathbb{Q}=\left\{\cdots, -\frac{2}{3}, -\frac{1}{3}, -\frac{1}{2}, 0, \frac{1}{2}, \frac{1}{3}, \frac{2}{3}, \cdots\right\}$

유리수(rational number, 有理數) 전체의 집합이다. 유리수는 분수, 즉 비(ratio)를 나타내는 수이다. 덧셈, 뺄셈, 곱셈에 관하여 닫혀있다. 나누는 수가 0이 아닌 한 나눗셈도 큰 문제가 없다. 나눗셈 '$a \div b$'를 '$a \div \frac{1}{b}$, 여기서 $\frac{1}{b}$은 b의 곱셈에 관한 역원'으로 이해하면 분수의 분모는 0이 되어서는 안됨을 이해할 수 있다. 한편, $\mathbb{Q}$는 가부번(denumerable) 집합으로서 가산(countable) 집합이고 조밀(dense)성을 가지나 완비(complete)성은 가지지 않는다. ℚ에는 정렬(well-order)을 구체적으로 줄 수 있다. 중요한 대수적 구조(즉, 체)의 원형이다. 방정식 $x^2 = 2$의 해가 ℚ에는 존재하지 않는다. 따라서 $x^2 = 2$의 해가 존재하기 위해서는 수의 확장이 필요하다.

과제 1.2 (1) 유리수의 조밀성을 설명하여라.

*(2) ℚ는 완비되지 않음을 한 예를 들어 간략히 설명하여라.

라. ℝ

유리수와 무리수(irrational number, 無理數) 전체로 이루어지는 실수 전체의 집합이다. 무리수는 두 정수의 비로 표현할 수 없는 수다. 유리수 전체의 집합 ℚ와 마찬가지로 덧셈, 뺄셈, 곱셈에 관하여 닫혀있고, 나누는 수가 0이 아닌 한 나눗셈도 할 수 있다. ℝ는 비가산(uncountable) 집합이고 조밀성은 물론 완비성도 가진다. 정렬을 구체적으로 줄 수 있는 방안이 제시되지 아니하였다.

마. ℂ

복소수 전체의 집합이다. 실수 전체의 집합 ℝ와 마찬가지로 덧셈, 뺄셈, 곱셈에 관하여 닫혀있고, 나누는 수가 0이 아닌 한 나눗셈도 할 수 있다.

*과제 1.3 복소수 전체의 집합 ℂ의 특징을 대수학의 기본정

리와 관련하여 조사하여라.

바. $\mathbb{Q}[x]$

유리계수 다항식 전체의 집합이다. 한편, $\mathbb{R}[x]$는 실수계수 다항식 전체의 집합을 나타낸다. 중·고등학교에서 다항식의 덧셈이나 곱셈을 한 것은 이 집합에서 덧셈·곱셈 연산을 한 것으로 볼 수 있다. 중요한 대수적 구조(환)이다.

사. $\mathbb{R}^2$, $\mathbb{R}^3$

좌표 평면 또는 좌표 공간으로서 고등학교에서 순서 쌍의 덧셈과 스칼라 배를 한 것은 이 집합에서 덧셈과 스칼라 배를 한 것으로 볼 수 있다. 대표적인 벡터공간이다.

아. $\mathrm{Mat}_2(\mathbb{R})$

실수 성분을 가지는 2차 행렬 전체의 집합으로서 고등학교에서 두 행렬의 덧셈, 곱셈, 스칼라 배를 한 것은 이 집합에서 덧셈, 곱셈, 스칼라 배를 한 것으로 볼 수 있다. 중요한 환과 벡터공간의 예가 된다.

초등학교 수학과 교육과정과 대수학

초등학교를 비롯하여 학교 수학 교육과정의 많은 부분은 대수학과 관련이 크다. 현행 초등학교 수학과 교육과정 내용 중에서 대수학과의 직접적인 관련성을 살펴본다.

가. 1학년

(1) 수와 연산 영역에서는 100까지의 수를 이해하고 받아올림이 없는 두 자리 수의 덧셈과 받아내림이 없는 두 자리수의 뺄셈을 한다. 이 때 교사에게 집합론에서의 일대일대응과 정수론에서의 십진법 등의 개념에 대한 종합적인 이해가 필요할 것이다.

(2) 규칙성과 문제해결 영역에서는 '□'를 사용한 식을 이해한다. 즉, □가 사용된 덧셈식이나 뺄셈식에서 □의 의미를 이해한다. 이는 6학년에서 미지수 x의 도입으로 발전하게 되는데, 이는 대수(代數)의 기본적 절차이다.

나. 2학년

(1) 수와 연산 영역에서는 1000까지의 수를 이해하고 받아올림이 있는 두 자리 수의 덧셈과 받아내림이 있는 두 자리수의 뺄셈을 한다. 한편, 곱셈이 이루어지는 상황을 알고, 곱셈의 의미와 곱셈구구를 이해하여 한 자리 수의 곱셈을 한다. 또한 분수를 배우게 된다. 이 때에는 십진법 등 기수법에 대한 지식은 교사에게 필수적이라고 할 수 있다. 이와 함께 수 체계에 대한 포괄적 이해와 각각의 수 체계 특징을 이해할 필요가 있다.

(2) 규칙성과 문제해결 영역에서는 어떤 수를 □로 나타내고, 이를 포함하는 간단한 덧셈, 뺄셈, 곱셈의 등식에서 어떤 수의 값을 구하게 되며 문장으로 된 문제를 식으로 나타내게 된다. 이는 대수의 기본적 절차이다.

다. 3학년

수와 연산 영역에서는 10000까지의 수를 다루면서 일, 십, 백, 천의 자리값의 의미와 위치적 기수법을 이해하고, 10000까지의 수를 읽고 쓴다. 또, 네 자리 수의 덧셈과 뺄셈을 하며 '(두 자리 수)×(한 자리 수)', '(세 자리 수)×(한 자리 수)', '(두 자리 수)×(두 자리 수)'의 계산을 한다. 그리고 분모가 10인 진분수를 통하여 소수를 이해하여 소수를 읽고 쓸 수 있으며, 크기를 비교한다. 이 때에도 십진법 등의 기수법에 대한 정확한 이해가 교사에게 요구된다. 한편, 나눗셈이 이루어지는 상황을 알고, 나눗셈의 의미를 이해하고 곱셈과 나눗셈 사이의 관계를 이해한다. 이 때 교사는 군, 환, 체 등의 대수적 구조를 이해할 필요가 있다.

라. 4학년

(1) 수와 연산 영역에서는 다섯 자리 이상의 수를 읽고 쓴다. 또, 자연수의 사칙계산을 하게 되고 여러 가지 분수 즉, 진분수, 가분수, 대분수를 이해하고, 그 상호 관계를 알며 분모가 같은 두 분수의 크기를 비교하고 덧셈과 뺄셈을 한다. 이와 함께, 소수를 읽고, 쓰고, 크기를 비교하며 소수의 덧셈과 뺄셈을 한다.

(2) 규칙성과 문제해결 영역에서는 두 양 사이의 대응 관계를

나타낸 표에서 규칙을 찾고, □, △ 등을 사용하여 식으로 나타낸다. 이 과정에서 함수 개념과 대수적 표현이 관련된다.

마. 5학년

(1) 수와 연산 영역에서는 약수, 공약수, 최대공약수, 배수, 공배수, 최소공배수의 의미를 알고, 이를 구하며 약수와 배수 사이의 관계를 이해한다. 또, 분수의 성질을 이용하여 크기가 같은 분수를 만들 수 있고 분모가 다른 분수의 크기를 비교하고 덧셈과 뺄셈을 할 수 있다. 한편, 분수와 소수의 곱셈과 나눗셈을 한다. 이 때 정수론적 지식, 수 체계, 대수적 구조 등에 관한 종합적 이해가 교사에게 요구됨은 자명하다.

(2) 규칙성과 문제해결 영역에서는 두 양의 크기를 비교하여 분수로 나타내고, 두 양 사이의 비와 비율의 의미를 이해한다. 이러한 내용은 수 체계, 대수적 구조 등과 직접적으로 관련된다.

바. 6학년

(1) 수와 연산 영역에서는 나누는 수가 분수인 나눗셈의 의미와 계산 원리를 이해하고, 그 계산을 한다. 교사가 이러한 계산 원리를 대수학적 관점에서 포괄적으로 이해함은 유익할 것이다.

(2) 규칙성과 문제해결 영역에서는 미지수 x를 사용하여 등식의 성질을 이해하고, 이를 이용하여 간단한 방정식을 푼다. 또, 두 수 사이의 대응 관계인 정비례와 반비례를 x와 y를 사용하여 식으로 나타낸다. 이 때 함수의 개념과 대수적 표현이 관련된다.

과제 1.4 가. '자료 : 수학과 교육과정'을 참고하여 초등학교 수학과 교육과정 모두를 살펴보아라.

나. 초등학교 수학과 교육과정 내용 중에서 대수학과 직접적인 관련이 적은 것은 어떤 것인가?

초등학교 교사에게 깊고 넓은 수학적 지식의 중요성은 누구도 부인할 수 없다. 그러나 이 책에서는 초등학교 수학과 교육과정 등 여러 가지 현실적 여건을 고려하여 다음과 같은 대수적 주제를 중심으로 논의한다.

정수론과 관련해서는 약수와 배수가 주요 주제이다. 이 때 소수의 개념과 성질은 필연적으로 논의된다. 한편, 합동의 개념과 기본적인 성질은 배수의 판정 등 학교 수학과 직접적으로 관련되지만, 그 자체로서의 수학적 의의가 크다.

수의 연산은 초등학교 수학의 핵심적인 내용이라고 할 수 있다. 이는 곧 대수적 구조에 관한 문제이다. 따라서 군, 환, 벡터공간 등 기본적인 대수적 구조와 그의 여러 성질을 논의한다.

학생들은 덧셈 연산을 하면서 짝수에 짝수를 더하면 짝수이지만, 홀수에 홀수를 더하면 홀수가 아니라는 사실을 스스로 알게 된다. 이러한 성질은 대수적 부분구조의 핵심이다. 한편, 자연수 개념 자체에 함수의 개념이 중심적인 역할을 하듯이, 대수적 대상에 관한 비교도 함수에 의한다. 이 책은 대수적 부분구조와 대수학에서 유용한 특별한 함수에 관하여 논의한다.

*과제 1.5 '자료: 교과내용지식(PCK)'를 참고하여 다음에 관하여 조사하여라.

가. 교과내용지식의 구성 요소

(1) 학생에 대한 이해

(2) 교과에 대한 이해

(3) 교수법

나. 대수학 분야에서 교과내용지식의 한 예를 제시하여라.

다. 다음 주장에 관하여 논의하여라.

> 수학과 第7차 교육과정까지 중학교 과정에서 도입하던 미지수 x가 2006년 10월에 공표된 수학과 새 교육과정에 의하면 초등학교 과정에서 도입된다. 초등학교 학생들이 영어 x에 대하여 거부감이 없을 것이고, 이미 '□' 등을 사용하여 미지수의 개념을 가지고 있다고 볼 수 있으므로 초등학교에서의 미지수 x의 도입은 큰 문제가 없다고 할 수 있다. 그러나 미지수 x의 도입으로 인하여 중학교 과정에서 다루게 되어 있는 일반적인 일차방정식의 풀이 알고리즘이 본격적으로 가르쳐질 개연성을 배제할 수 없다. 해야 할 일을 아는 것도 중요하지만 그보다 더 중요한 일은 해서는 안 될 일을 아는 것이다. 초등학교에서의 미지수 도입이 부작용을 초래하지 않도록 하여야 한다.

토의 및 참고 자료

1. 대수학을 기하학, 해석학, 위상수학과 비교할 때 가장 중요한 특징은 무엇일까?

2. 다음 문제를 생각하여 보자.

> 두 발 자전거와 세 발 자전거가 모두 37대 있다. 이들 모두의 바퀴 수는 86이다. 두 발 자전거와 세 발 자전거는 각각 몇 대인가?

가. 위 문제의 풀이법으로 다음과 같이 제시될 수 있다. 각각의 풀이법과 상호 관련성을 토의하여 보아라.

풀이법 1 $37 \times 2 = 74$

$86 - 74 = 12$

세 발 자전거 : 12대

두 발 자전거 : 25대

풀이법 2 '시행착오법(try-and-error method)'

풀이법 3 $\begin{cases} x + y = 37 \\ 2x + 3y = 86 \end{cases}$

나. 연립방정식을 배운 중학생은 위 문제의 풀이법으로서 '풀이법 3'을 제시할 것이다. 그러나 연립방정식을 배우기 이전의 학생은 '풀이법 1'을 제시하는 경우가 있다. 여기서 두 풀이법의 기본 원리는 같다고 볼 수 있으나 풀이법 1이 보다 자연스러운 방법이라고 볼 수 있다. 즉, 풀이법 3은 풀이법 1을 '알고리즘화' 한 것으로 볼 수 있다.

3. 다음에 대하여 토의하여 보아라.

가. 다음 식을 넓이를 나타내는 그림으로 설명할 수 있는 방안을 제시하여라.

$$a(b+c)=ab+ac$$

나. 위 '가'의 식에서 '분배법칙'을 관찰하여라.

다. 다음 식을 넓이를 나타내는 그림으로 설명할 수 있는 방안을 제시하여라.

$$(a+b)(c+d)=ac+bc+ad+bd$$

라. 위 '다'의 식에서 전개 공식을 관찰하여라.

마. 다음 식을 그림을 사용하여 직관적으로 설명하여라.

$$1+\frac{1}{2}+\frac{1}{2^2}+\cdots=2$$

바. '삼각형의 오심'에 관한 예를 통하여 기하 문제를 대수적(해석기하적) 방법으로 접근하면 효과적일 수 있음을 설명하여라.

사. 삼각형의 무게 중심은 모든 중선을 2 : 1로 내분함을 다음 그림[1])을 통하여 설명하여라.

---

1) 한인기 교수가 제공하였다.

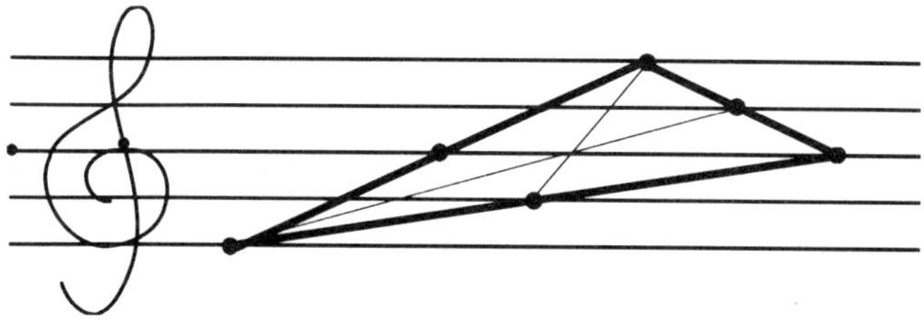

[그림 1.1]

4. 대수학적인 입장에서는 뺄셈을 덧셈의 역 연산으로 이해하면 효과적이다. 그러나 아동들에게는 이러한 접근은 자연스럽지 않을 수 있다. National Research Council (2001) 6장을 참고하여 뺄셈지도의 여러 가지 방안을 조사하여라. 이러한 과정 이후 뺄셈을 덧셈의 역 연산으로 설명하여라.

5. 곱셈을 덧셈으로 설명할 수 있듯이 나눗셈은 뺄셈으로 설명할 수 있다. 아동들에게 다음과 같은 발문을 통하여 그러한 지도 방안을 모색하여라.
   가. 12개의 사과를 네 명에게 나누어주려면 각 사람은 몇 개씩 가져야 하나?
   나. 120개의 사과를 네 명에게 나누어주려면 각 사람은 몇 개씩 가져야 하나?
   다. National Research Council (2001) 6장을 참고하여 나눗셈 지도의 여러 가지 방안을 조사하여라.
   라. 위와 같은 과정 이후 나눗셈을 곱셈의 역 연산으로 설명하여 보자.

6. 대수학적 관점에서는 "4칙 연산"이라는 용어는 오해를 불러일

으킬 수 있다. 뺄셈과 나눗셈은 덧셈과 곱셈으로 정의되기 때문이다. 다음에 관하여 토의하여 보자.

가. 초등학교에서의 뺄셈 지도와 대학에서의 뺄셈 정의

나. 초등학교에서의 나눗셈 지도와 대학에서의 나눗셈 정의

다. $5 \div 0$이 정의되지 않는 이유에 대한 다음 설명에 대하여 논의하여라. 사실, $5 \div 0 \Rightarrow 5 \times (0^{-1})$으로 정의되는데 0^{-1}은 없다. 왜냐하면 $0 \times x = 1$이 되는 x가 없기 때문이다. 즉, 0의 역원이 없기 때문에 0으로 나눌 수 없다.

7. 다음 질문에 다양한 대답이 있을 수 있다. 각각의 반응에 관하여 논의하여라.

가. 10살 때 키가 1.5m였다면 20살 때 키는 얼마일가?

나. 234×0.8과 $234 \div 0.8$은 어느 것이 큰가?

8. 수학에서 모델, 규칙, 그리고 구조 등은 중요하다. 대수학은 연산과 관련된 구조, 즉 대수적인 구조에 관한 학문이다. 다음은 초등학생들에게 제시할 수 있는 문제이다.

> 아무 달이나 한 달의 달력을 보여주고 다음 질문을 한다: 이 달력을 보고 여러 가지 수의 배열 규칙을 찾아라. 그 규칙을 식으로 설명하여 보아라.

가. 가로나 세로로 3개의 수를 보면 가운데 수는 양 끝 수의 평균이다.

나. 2×2 정사각형의 수를 보면 대각선의 두 수의 합은 같다.

다. 3×3 정사각형의 수를 보면 한 가운데 수를 중심으로 한 가로, 세로, 대각선의 세 수의 합은 같다.

Ⅱ

집합론

복 습

1. 이 강좌에 대한 이해 : 이 강좌의 목표는 무엇인가?

2. 대수학에 대한 이해 : 대수학의 큰 특징은 무엇인가?

3. 다음 집합에 관하여 간단히 설명하여라.
   $\mathbb{N}$, $\mathbb{Z}$, $\mathbb{Q}$, $\mathbb{R}$, $\mathbb{C}$, $\mathbb{Q}[x]$, $\mathbb{R}^2$, $\mathbb{R}^3$, $\mathrm{Mat}_2(\mathbb{R})$

4. 다음 용어를 모두 사용하여 작문하여라.
   대수학, 연산, 집합론, 선형대수학, 정수론, 현대(추상)대수학, 응용대수학, 암호학, 부호이론

목 표

1. '수학기초론'으로서 수리논리와 집합론의 주요 내용을 종합적으로 이해한다.

2. 수학의 전 분야에서 자주 활용되는 동치 관계, 함수, 순서 관계 등의 뜻과 성질을 이해한다.

3. 집합론의 핵심 내용이라고 할 수 있는 '무한'에 관해서는 이 강좌와 직접적인 관계가 없다 하더라도 수학사나 수학철학 관점에서 개략적으로나마 이해한다.

내 용

이 장에서는 집합론의 전체 내용을 개관한다. 이 책에서는 집합론에 관한 기본 지식을 전제하기 때문에 동치관계, 함수, 순서관계 등은 본문에서 간략히 다루되 그 외의 내용은 '과제'나 '참고 및 토의 자료'로 제시한다.

이 장에서 논의하는 구체적인 주제는 다음과 같다.

- 수학적 논증을 어떻게 정당화하는가?
- 동치관계는 무엇이며 동치관계로부터 분할을 어떻게 얻는가?

- 함수는 무엇이며 수학에서 함수의 유용성은 무엇인가?
- '수 세기(number counting)'에 함수의 개념이 어떻게 관련되는가?

수리 논리

일상생활에서 우리의 주장이 설득력을 가지게 하기 위해서 어떻게 하여야 하나? 이에 관하여 여러 가지 요인이 있을 수 있지만, 일단은 우리의 주장이 논리적으로 옳아야 하고, 따라서 정당성을 인정받아야 할 것이다.

수학에서 한 명제가 옳은지 그른지를 판단하는 '증명(proof)'은 중요하다. 최근 엄밀성의 수준을 완화하고 논증 기법을 일반화 하여 '정당화(verification, justification)' 기법이 많이 논의되지만, 전통적인 수학에서 증명의 중요성은 약화될 수 없다.

이와 관련하여 수리논리에서는 다양한 논증 기법을 논의한다.

앞선 집합론 관련 강좌에서 결합자(connective)와 한정기호(quantifier) 등에 대하여 논의하였다.

과제 2.1 가. 다음에 관하여 조사하여라.

(1) 부정(negation)

아니다 not : ~

(2) 논리곱(합접, conjunction)

그리고 and : ∧

(3) 논리합(이접, disjunction)

또는 or : ∨

(4) 조건부(conditional) : →

(5) 쌍조건부(biconditional) : ↔

(6) 전칭기호(universal quantifier) : $\forall x,\ p(x)$

전칭기호의 부정

$$\sim(\forall x,\ p(x)) \equiv \exists x\ ;\ \sim p(x)$$

(7) 존재기호(existential quantifier) : $\exists x\ ;\ p(x)$

존재기호의 부정

$$\sim(\exists x\ ;\ p(x)) \equiv \forall x,\ \sim p(x)$$

나. 다음 명제는 어떻게 설명할 수 있는가?

(1) 공집합 ϕ는 모든 집합의 부분 집합이다.

(2) {1, 2, 3}의 부분 집합의 개수는 2^3이다.

다. 다음 명제에 대하여 논의하여라.

'1+1=3이면 나는 영국의 여왕이다.'

위 명제는 거짓 명제로만 이루어진 참 명제라고 할 수 있다.

라. 헴펠의 역설(Hempel's Paradox)에 대하여 조사하여라. 명제 'All ravens are black'을 증명하기 위하여 이 명제의 대우를 증명하면 어떠한가?

마. 다음 여러 가지 정리를 확인하여라.

(1) 논리합과 논리곱에 관하여 교환법칙(commutative law)이 성립한다.

$$p \wedge q \equiv q \wedge p,\ \ p \vee q \equiv q \vee p$$

(2) 논리합과 논리곱에 관하여 결합법칙(associative law)이

성립한다.

(3) 논리합에 대한 논리곱의 분배법칙(distributive law)과 논리곱에 대한 논리합의 분배법칙이 성립한다.

(4) 다음 추이법칙(transitive law)이 성립한다.

$$(p \rightarrow q) \wedge (q \rightarrow r) \Rightarrow (p \rightarrow r)$$

(5) $p \rightarrow q \equiv \sim q \rightarrow \sim p$

(6) $\sim (p \vee q) \equiv \sim p \wedge \sim q$

(7) $p \rightarrow (q \vee r) \equiv (p \wedge \sim q) \rightarrow r$

바. 항진명제(tautology)와 모순명제(contradiction)에 대하여 조사하여라.

관계

동치관계, 함수, 그리고 순서 등 수학에서 중요한 개념을 '관계(relation)'라는 개념으로 정의할 수 있다.

과제 2.2 다음에 관하여 조사하여라.

두 집합 X와 Y의 데카르트 곱(Cartesian product), 집합 X에서 집합 Y으로의 관계(relation), 정의역(domain), 상(image), 역관계(inverse relation)

동치

먼저 동치관계에 관하여 알아본다. 동치관계는 주어진 집합 X

에서 집합 X로의 관계로서 보통 '집합 X 위에서의 동치관계(equivalence relation)'라고 한다.

과제 2.3 가. 다음에 관하여 조사하여라.

(1) 반사율(reflexivity), 대칭률(symmetricity), 추이율(transitivity)

(2) 동치관계의 정의

(3) 동치관계에 의한 분할(partition)

나. 실생활에서 동치관계의 예를 생각하여 보아라.

성(性, gender)

성(姓, family name)

다. 자연수 집합과 $\mathbb{N}$ 위에 $\mathbb{N}$의 부분집합 $k\mathbb{N}$, $k \in \mathbb{N}$를 이용하여 동치관계를 정의하고 동치류 집합 $\mathbb{N}_k$를 얻는 과정을 설명하여라.

함수

함수(function)는 수학적 구조를 비교하는 도구로서 중요한 개념이다. 함수는 주어진 집합 X에서 집합 Y로의 관계이다.

과제 2.4 가. 다음에 관하여 조사하여라.

(1) 관계로서의 함수 $f : X \to Y$의 정의

(가) $\forall x \in X,\ \exists y \in Y\ ;\ (x,\ y) \in f$

(나) $(x,\ y_1) \in f$이고 $(x,\ y_2) \in f \Rightarrow y_1 = y_2$

(2) 함수의 기호(notation)

$(x, y) \in f \Leftrightarrow f(x) = y$

(3) 두 함수 $f: X \to Y$와 $g: X \to Y$의 상등

(가) 두 집합으로서의 상등

(나) 모든 $x \in X$에 대하여, $f(x) = g(x)$이다.

(4) 상과 역상(inverse images)에 관한 여러 가지 성질

나. 특수한 함수에 대하여 조사하여라.

(1) 일대일(단사, injective) 함수

$f(A \cap B) = f(A) \cap f(B)$. 여기서 $f: X \to Y$이고 $A, B \subset X$ 이다.

(2) 위로의(전사, surjective) 함수

(3) 일대일대응(전단사, bijective) 함수 : one-to-one correspondence

전단사 함수의 역함수도 전단사 함수이다.

(4) 특성(characteristic) 함수

(5) 단위(identity) 함수

(6) 상수(constant) 함수

다. 두 함수의 합성(composition)을 다음 관점에서 논의하여라.

(1) 함수의 연산

(2) 결합법칙

(3) 비가환적(non-commutative)

라. 함수가 일대일이기 위한 필요충분조건은 무엇인가?

마. 함수가 위로이기 위한 필요충분조건은 무엇인가? 이 때 선택공리(axiom of choice)의 필요성에 주목하여라.

바. 함수가 일대일 대응이기 위한 필요충분조건은 무엇인가?

사. 초등학교 수학 내용 중에서 함수 개념을 조사하여라.

순서

순서 개념도 수학의 기초 개념 중 하나이다. 순서관계는 주어진 집합 X에서 집합 X로의 관계로서 보통 '집합 X 위에서의 순서관계(order relation)'라고 한다.

과제 2.5 가. 집합 X 위에서의 반순서(partial order) 관계를 설명하여라.

(1) 반사율

(2) 반대칭률(anti-symmetric)

(3) 추이율

나. $(\mathbb{Z}, \leq)$, $(\wp(X), \subset)$의 예를 통하여 반순서 관계를 설명하여라.

*다. 다음에 관하여 조사하여라.

(1) 선형(전, linear, total) 순서의 뜻과 예

(가) 정수 집합 $\mathbb{Z}$

(나) 유리수 집합 $\mathbb{Q}$

(다) 실수 집합 $\mathbb{R}$

(2) 다음에 관하여 조사하여라.

(가) 연쇄(chain)

(나) 상계(upper bound), 하계(lower bound)

(다) 최소상계(the least upper bound), 최대하계(the greatest lower bound)

(라) 극대원(maximal element), 극소원(minimal element)

(마) 최대원(the greatest element), 최소원(the least element)

(3) 정렬(well-order)의 뜻, 예, 반례

(가) $(\wp(X), \subset)$, 여기서 $X=\{1, 2, 3\}$이다.

(나) 정수 집합 $\mathbb{Z}$

(다) 유리수 집합 $\mathbb{Q}$

(라) 실수 집합 $\mathbb{R}$

가부번 집합

무한집합을 여러 가지 방법으로 정의할 수 있다.

과제 2.6 다음에 관하여 조사하여라.

가. 데데킨트(Dedekind)에 의한 무한의 정의

나. 허무한(virtual infinity)과 실무한(actual infinity)

무한집합은 일단 자연수 집합과 대등한 집합과 그렇지 않은 집합으로 분류한다. 집합을 분류할 때 일대일대응은 중요한 역할을 한다.

과제 2.7 가. 다음에 관하여 조사하여라.

(1) 두 집합의 대등(equipotence)

동치관계이다.

(2) 가부번(denumerable) 집합과 비가부번 집합

(3) 가산(countable) 집합

$\mathbb{Z}$와 $\mathbb{Q}$는 가부번 집합이다.

(4) 비가부번(non-denumerable) 집합의 예

대각선(diagonal) 논법

$\mathbb{R}$는 비가부번 집합이다.

나. 집합 $F=F_2\times F_2\times F_2\times\cdots$, $F_2=\{0, 1\}$, 의 농도는 $2^{\aleph_0}$이고, 집합 $F=F_3\times F_3\times F_3\times\cdots$, $F_3=\{0, 1, 2\}$, 의 농도는 $3^{\aleph_0}$임을 설명하여라.

*다. 칸토어집합(Cantor set)에 대하여 알아보고 그 집합은 비가부번 집합임을 설명하여라.

*라. 대수적인 수(algebraic numbers)와 초월수(transcendental numbers)의 정의를 알아보아라. 또 초월수의 존재에 관한 칸토어의 비구성적 증명(non-constructive proof)을 설명하여라.

자연수

수학의 주된 연구 대상은 수라고 할 수 있고, 그 중 자연수는 가장 기본적인 수의 개념이다.[1] 자연수의 개념을 명확히 하는 것은 중요하다.

과제 2.8 가. 가부분집합의 척도는 자연수 집합임을 확인하여라.

나. 다음에 관하여 조사하여라.

(1) 모든 수 체계는 자연수 체계에 근거한다.

1) 크로네커(Kronecker)는 다음과 같이 말하였다.
'God made the integers ; all the rest is the work of man.'
(정수는 하나님께서 만드셨다. 그 나머지는 모두 인간이 만들어낸 것이다.)

(2) 자연수의 집합론적 정의

$$0 = \varnothing$$
$$1 = \{\varnothing\} = \{0\}$$
$$2 = \{\varnothing, \{\varnothing\}\} = \{0, 1\}$$
$$3 = \{\varnothing, \{\varnothing\}, \{\varnothing, \{\varnothing\}\}\} = \{0, 1, 2\}$$
$$\cdots$$

(3) 페아노(Peano) 공리와 수학적 귀납법(mathematical induction)

(4) $(\mathbb{N}, \leq)$은 정렬 집합이다.

학교 수학과 실생활에서의 집합론

학교(특히, 초등학교)수학에서의 수학적 개념은 상식과 경험에 근거하여 상당 수준 직관적으로 도입한다.

초등학교에서 수 개념을 형성하기 위한 기초가 되는 것은 짝짓기(일대일 대응) 방법이다. 이는 일대일대응을 구체적으로 응용하는 것으로 볼 수 있다.

수 개념 형성의 초기에 어린이들은 기수와 서수를 동시에 배우게 된다. 예를 들면 사람의 수를 알아보는 장면에서 하나, 둘, 셋 …과 같이 세기도 하고 첫째, 둘째, 셋째 …와 같이 세기도 한다. 기수와 서수의 개념 차이를 명확히 인식하기 어렵다.

일상생활에서 덧셈을 합병의 상황으로 설명할 수 있다. 여기서 합병은 '합한다'의 의미이다. 이것을 수학적으로 표현하면 다음과 같다. 즉, 두 집합 A, B에서 $A\cap B=\varnothing$일 때, $n(A)+n(B)=n(A\cup B)$이다. '빨간 구슬 3개와 흰 구슬 5개를 합하면 얼마인가?'의 문제에서 빨간 구슬 집합을 A, 흰 구슬 집합을 B라고 하면 $A\cap B=\varnothing$이고, $n(A)=3$, $n(B)=5$, $n(A\cup B)=8$이므로 $3+5=8$이다.

과제 2.9 가. 두 음(音)의 주파수 x, y 사이의 관계를 다음과 같이 정의하자.

$$x\sim y \Leftrightarrow \log_2 x\equiv \log_2 y \pmod 1).$$

다음을 확인하여라.

(1) 이 관계는 동치 관계이다.

(2) 두 음의 주파수가 위 관계에 있을 때 두 음의 음정이 같다. 예를 들어, '라' 음은 주파수가 440Hertz인데 880Hertz나 1760Hertz 주파수는 모두 높은 '라'음이다.

나. 수학에서 상식과 경험에 근거한 직관적인 접근은 오류를 범할 수 있다. 벤 다이어그램(Venn diagram)의 예를 통하여 직관의 중요성과 위험성 그리고 엄밀한 논증의 중요성을 설명하여라.

토의 및 참고 자료

집합론은 집합론의 수학사적으로도 의의가 크지만 수학의 전 분야에 걸쳐 유용하다. 특히, 집합론에서는 무한이 주요 주제 중 하나인데 이는 수학철학적인 면에서도 큰 의미가 있다고 할 수 있다.

다음 자료를 참고하여 본문에서 언급하지 아니한 내용을 요약하여보자.

수학사에서의 집합론

집합론의 수학사적 의미는 크다. 특히 칸토어에 의한 집합론은 무한에 관한 체계적인 연구를 가능하게 하였다.

과제 2.10 다음에 관하여 간략히 조사하여라.

가. 유클리드 기하학(Euclidean geometry)과 중립기하학(neutral geometry)

나. 평행선 공준과 비유클리드 기하학(Non-Euclidean geometry) : 쌍곡기하학(hyperbolic geometry)과 타원기하학(elliptic geometry)

다. 칸토어(Cantor)와 크로네커(Kronecker)의 갈등

라. 프레게(Frege)의 산술기초론 : The Foundations of Arithmetic

마. 러셀(Russell)과 화이트헤드(Whitehead)의 논리학 : Principia Mathematica

바. 힐버트(Hilbert)의 집합론에 대한 기대 : 'No one will drive us out of this paradise that Cantor has created for us.'

사. 힐버트의 꿈 : 'Here is the problem, search for the solution, you can find it by pure thought, for in mathematics there is no ignorabimus.'

아. 괴델(Gödel)의 불완전성정리(the incompleteness theorems)

자. 선택공리와 바나흐-타르스키 역설(Banach-Tarski paradox)

집합의 연산

실수에 덧셈이나 곱셈의 연산을 정의할 수 있듯이 집합에도 연산을 정의할 수 있다.

과제 2.11 가. 다음 집합의 연산에 관하여 조사하여라.

(1) 단항연산

여집합

(2) 이항연산

교집합

합집합

차집합

나. 이항연산의 다음 성질에 관하여 조사하여라.

결합법칙, 교환법칙, 분배법칙

러셀의 역설(Russell paradox)

다음과 같이 정의되는 것을 생각하자.

$$R=\{X \mid X \notin X\}$$

이제 R가 집합이라고 가정하고 다음 질문을 생각한다.

$R \notin R$인가 아니면 $R \in R$인가?

어떠한 경우라 하더라도 모순을 얻을 수 있다.

***과제 2.12** 가. 신현용(2007a)을 참고하여 다음에 관하여 알아보아라.

(1) 러셀의 역설을 해소할 수 있는 방안과 내역의 공리(axiom of specification)

(2) 러셀의 역설의 함의

(가) '집합'이라는 용어의 사용에 주의해야 한다.

(나) 모든 집합의 집합은 존재하지 않는다.

(3) 러셀의 역설과 세비아의 이발사(Barber of Seville)의 역설과의 관계

나. 성경(신약) 디도서 1장 12-13절을 참고하여 '그레다인의 역설'에 관하여 조사하여라.

선택 공리

무한 집합에 관하여 논의할 때 중요한 개념 중 하나가 선택 공리(axiom of choice)이다.

***과제 2.13** 신현용(2007a)을 참고하여 선택공리와 관련하여 다음을 조사하여라.

가. 선택공리의 뜻

나. 극대원리(Hausdorff maximality principle)

다. 조른의 보조정리(Zorn's lemma)

라. 정렬원리(well-ordering principle)

마. 선택 공리, 극대원리, 조른의 보조정리, 정렬원리의 동치성

기수와 서수

자연수는 수를 세는 수로서의 기능과 순서의 기능도 있다. 이러한 개념을 무한의 집합의 경우로 확장할 수 있다.

***과제 2.14** 다음에 관하여 알아보아라.

가. 기수와 서수의 정의는 무엇인가?

나. 기수와 서수는 자연수와 어떤 면에서 비슷하며 어떤 면에서 다른가?

다. 초한귀납법의 원리(principle of transfinite induction)는 무엇이며 수학적 귀납법과 무엇이 다른가?

연속체 가설

집합론에서 선택공리 외에 또 하나의 주목할만한 명제가 연속체 가설(continuum hypothesis)이다.

과제 2.15 다음을 확인하여라.

가. card $X=k$ $(k \in \mathbb{N})$이면, card $\wp(X)=2^k$이다.

나. card $\mathbb{N} <$ card $\wp(\mathbb{N})$

위수가 $k(\geq 2)$인 유한집합 X에 대하여 card $X=k$와 card $\wp(X)=2^k$ 사이에는 k보다 크고 2^k보다 작은 또 다른 자연수가 존재한다. 이제 자연수 집합 $\mathbb{N}$의 농도 $\aleph_0$와 집합 $\wp(\mathbb{N})$의 농도 $2^{\aleph_0}=c$ 사이에는 또 다른 초한기수가 있을까? 이 질문에 관계되는 것이 연속체 가설이다.

연속체 가설은 $\aleph_0$와 c 사이에는 $\aleph_0$보다 크고 c보다 작은 또 다른 기수가 존재하지 않는다고 선언한다. 즉, $\aleph_0<$card $A<c$인 집합 A는 존재하지 않는다는 것이다.

괴델의 불완전성 정리

1931년 괴델은 다음과 같은 정리를 발표하였다.

제1 불완전성 정리(Gödel's incompleteness theorem)

산술을 포함하는 형식적 체계가 무모순적이고 그 체계의 공리를 판별할 수 있는 구현 가능한 방법[2](예를 들어, 컴퓨터 프로그

2) 주어진 명제가 공리 중 하나인지 아닌지를 유한과정을 거쳐 유한 시간 내에 판별할 수 있어야 한다. 공리의 개수가 유한인 경우에는 문제되지 않는다.

램)이 존재하면 그 체계 내에서는 증명도 반증도 할 수 없는 명제가 있다[3].

그 체계 내에서는 증명도 반증도 할 수 없는 명제가 존재하는 그러한 불완전한 공리 체계에 새로운 공리를 첨가하여 무모순적인 체계로 보강한다 하더라도 그 체계는 여전히 불완전하다(그 체계 내에서는 증명도 반증도 할 수 없는 명제가 있다).

제2 불완전성 정리

산술을 포함하는 형식적 체계가 무모순적이고 그 체계의 공리를 판별할 수 있는 구현 가능한 방법이 존재하면 그 무모순성을 그 체계 내에서는 증명할 수 없다.

위 두 정리 모두에서 거기에 언급된 세 가지 조건을 모두 만족시켜야 한다. 그 중 하나라도 만족시키지 아니하면 괴델의 정리는 유도되지 아니한다.

페아노(Peano) 공리 체계와 체르멜로-프랜켈(집합론)공리체계는 괴델의 정리에서 요구하는 세 가지 조건을 모두 만족시킨다.

---

3) 괴델은 증명은 할 수 없지만 참인 명제를 구성하였다.

III

정수론과 그 응용

복 습

1. 다음 명제의 정당성을 설명하여라.

   가. $p \to q \equiv \sim q \to \sim p$

   나. $\sim(p \vee q) \equiv \sim p \wedge \sim q$

   다. $p \to (q \vee r) \equiv (p \wedge \sim q) \to r$

   라. $(p \to q) \wedge (q \to r) \Rightarrow (p \to r)$

2. 동치관계로부터 분할을 얻는 방법을 설명하여라.

3. $\mathbb{Z}_n$의 구성 과정을 간단히 설명하여라.

4. 함수의 정의는 무엇인가?

5. 자연수 전체의 집합, 유리수 전체의 집합, 그리고 실수 전체의 집합을 다음 측면에서 비교하여라.

   가. 농도

나. 대수적 구조 : 덧셈에 관한 역원, 곱셈에 관한 역원

6. 함수가 일대일이기 위한 필요충분조건과 위로이기 위한 필요충분조건을 각각 기술하여라.

7. 페아노 공리와 수학적 귀납법을 설명하여라.

8. 다음 용어를 사용하여 작문하여라.
   가. 관계, 동치관계, 분할
   나. 관계, 함수, 단사, 전사, 전단사, 대등

목 표

1. 약수와 배수, 소수, 부정 방정식, 일차 합동식에 관한 여러 성질을 많은 예를 통하여 구체적이고 종합적으로 이해한다.

2. 정수론적 내용을 학교 수학이나 수학의 다른 분야와 연계하여 이해한다.

내 용

정수론은 기하학과 함께 긴 역사를 가지는 수학의 주요 영역이다. 일반적인 정수론 강좌에서는 약수와 배수, 소수, 부정 방정식, 일차 합동식, 이차 잉여, 이산 대수, 그리고 연분수 등이 주요 내용이지만, 이 책에서는 학교수학과 직접적으로 관련 있는 약수와 배수, 소수, 부정 방정식, 일차 합동식을 다룬다.

순수 수학의 전형으로 여겨지던 정수론이 최근에는 정보 보호 등에서 다양하게 응용되고 있다. 특히, 이차 잉여, 이산 대수, 그리고 연분수 등의 성질이 이용된다. 그러나 이 책에서는 그에 관한 자세한 논의는 생략한다.

이 장에서 논의하는 구체적인 문제는 다음과 같다.

- 연산은 무엇인가?
- 정수론에서 주로 다루는 내용은 무엇인가?
- 정수론의 내용은 학교수학과 어떠한 연관이 있는가?

대수학과 연산

수학에는 여러 가지 중요한 개념들이 있지만 그 중에서도 기초적인 수리논리, 집합, 관계(함수, 동치, 순서)는 특히 기본적이라고 할 수 있다. 이와 함께 중요한 것이 연산(operation)이다. 사실, 대수학의 중요한 특징은 주어진 집합에서 연산의 여러 성질을 살핀다는 것이다.

≪**정의 3.1**≫ 집합 $A(\neq\varnothing)$에서의 이항연산(binary operation) $\cdot$이란 데카르트 곱(Cartesian product) $A\times A$에서 A로의 함수

$$\begin{array}{rccc} \cdot : & A\times A & \to & A \\ & \Downarrow & & \Downarrow \\ & (a,\ b) & \mapsto & a\cdot b \end{array}$$

이다.

일반적으로 이항 연산 외의 연산도 생각할 수 있지만 이 강좌에서는 특별한 언급이 없는 한 모든 연산은 이항 연산이다.

함수 $\cdot$가 집합 A에서의 연산일 때 'A에 연산 $\cdot$가 (잘) 정의되어 있다(well-defined)' 또는 'A는 연산 $\cdot$에 관하여 닫혀 있다(closed)'라고 한다.

$23\times35\times\dfrac{1}{35}$를 계산할 때 앞에서부터 차례대로 하는 것보다 뒷 부분 즉, $35\times\dfrac{1}{35}$를 먼저 계산하는 것이 훨씬 효과적이다. 덧셈도 이러한 성질을 가지는데 주어진 연산이 이러한 성질을 가지면 계산하기가 편리하다.

결합 법칙

집합 A에 정의된 연산 $\cdot$가 다음 조건을 만족시킨다고 하자.

모든 $a,\ b,\ c\in A$에 대하여 $(a\cdot b)\cdot c=a\cdot(b\cdot c)$이다.

이 경우 '연산 $\cdot$에 관하여 결합(associative)법칙이 성립한다'라고 한다.

덧셈에서 0과 곱셈에서 1은 좌측에서 연산을 하거나 우측에서 연산을 하여도 아무런 변화가 없다. 즉, 덧셈에서의 0과 곱셈에서의 1은 특별한 수이다.

항등원

집합 A에 정의된 연산 $\cdot$에 관하여 다음 조건을 만족시키는 원소 e가 있다고 하자.

모든 $a \in A$에 대하여 $e \cdot a = a \cdot e = a$이다.

이 원소 $e \in A$를 '연산 $\cdot$에 관한 항등원(identity)'이라고 한다. 항등원을 '단위원'이라고도 한다.

다음 정리로부터 항등원이 있으면 유일함을 알 수 있다.

> **≪정리 3.2≫** 집합 A에서의 연산 $\cdot$에 관한 항등원 $e \in A$가 있으면 그 항등원 e는 유일하다.

증명 e와 e'가 연산 $\cdot$에 대한 항등원이라고 하면 $e = e \cdot e' = e'$이므로 두 원소는 같을 수밖에 없다. ■

항등원의 성의 중에서 '모든 $a \in A$에 대하여 $e \cdot a = a \cdot e = a$이다'라는 조건이 위 정리의 증명에서 사용되었음을 알 수 있다.

항등원이 존재하는 경우 다음과 같은 개념을 생각할 수 있다.

역원

집합 A에 연산 $\cdot$가 정의되어 있다고 하고 $e \in A$를 연산 $\cdot$에 관한 항등원이라고 하자. 이제 한 원소 $a \in A$에 대하여 다음 조건을 만족시키는 원소 $a^{-1} \in A$가 있다고 하자.

$$a \cdot a^{-1} = a^{-1} \cdot a = e.$$

이 경우 a^{-1}를 원소 a의 연산 $\cdot$에 관한 역원(inverse, inverse element)이라고 한다.

역원은 항등원이 존재하는 경우에만 생각할 수 있다.

≪정리 3.3≫ 집합 A에 연산 $\cdot$가 정의되고 그 연산에 관하여 항등원이 있고 결합 법칙이 성립한다고 하자. 원소 $a \in A$의 역원이 있으면 그 역원은 유일하다.

증명 원소 $e \in A$를 연산 $\cdot$에 관한 항등원이라고 하자. 이제 원소 $a \in A$의 $\cdot$에 관한 역원을 b와 c라고 하면 다음이 성립한다.

$$b = b \cdot e = b \cdot (a \cdot c) = (b \cdot a) \cdot c = e \cdot c = c.$$

결국 b와 c는 같다. ■

항등원의 정의 중에서 '모든 $a \in A$에 대하여 $e \cdot a = a \cdot e = a$이다'라는 조건과 역원의 정의 중에서 '$a \cdot a^{-1} = a^{-1} \cdot a = e$'라는 조

건이 위 정리의 증명에서 사용되었음을 알 수 있다.

연산의 결합법칙과 함께 다음 법칙은 유용하다.

교환 법칙

집합 A에 정의된 연산 $\cdot$가 다음 조건을 만족시킨다고 하자.

모든 $a, b \in A$에 대하여 $a \cdot b = b \cdot a$이다.

이 경우 '연산 $\cdot$에 관하여 교환(commutative)법칙이 성립한다'라고 한다.

집합에 두 개의 연산이 정의되는 경우에는 다음과 같은 성질을 살펴볼 필요가 있다.

분배(배분) 법칙

집합 A에 정의된 두 연산 $\cdot$, $*$가 다음 조건을 만족시킨다고 하자.

모든 $a, b, c \in A$에 대하여 $a \cdot (b * c) = (a \cdot b) * (a \cdot c)$이다.

이 경우 '연산 $*$에 대하여 $\cdot$의 좌(left) 분배(distributive)법칙이 성립한다'라고 한다. 마찬가지로 우(right) 분배법칙도 생각할 수 있다. 일반적으로 좌/우 분배법칙이 모두 성립할 때 '연산 $*$에 대하여 $\cdot$의 분배법칙이 성립한다'라고 한다.

수의 덧셈연산에 대하여 곱셈의 분배법칙이 성립하지만 곱셈연산에 대하여 덧셈의 분배법칙은 성립하지 않는다. 한편, 합집합 연산에 대하여 교집합의 분배법칙이 성립하고, 교집합 연산에 대하여 합집합의 분배법칙도 성립한다.

정수론의 주요 내용 및 응용

가. 정수론의 주요 연구 대상은 자연수라고 할 수 있다. 그러나 덧셈이나 곱셈 등에 관한 대수적 구조의 편리함 때문에 정수 집합을 다룬다.

나. 약수와 배수 그리고 이와 관련하여 소수(prime number)는 정수론의 주요 연구 대상이다.

다. 합동이나 합동식의 개념은 시간이나 요일 등 실생활과 밀접하게 관련된다. 합동식의 성질로부터 3 등 주어진 수의 배수인지 아닌지를 쉽게 판정할 수 있다. 합동식은 그 자체로서 수학적 의의가 크다.

라. 영국의 유명한 정수론 학자인 하디(G. H. Hardy)는 정수론이야말로 응용에 관한 무가치한 학문이라고 하였다. 그러나 그의 예측은 빗나갔고 최근 응용 대수학 특히, 암호학에서 정수론은 중요한 역할을 한다.

사실, 중요한 서류를 보관하기 위하여 자물쇠가 필요하다. 자물쇠의 특징은 잠그기는 쉬우나 열쇠 없이는 열기가 어렵다는 것이다. 사이버(cyber) 공간상에서의 정보를 보호하기 위해서도 자물쇠와 열쇠의 역할을 구현해야 한다. 예를 들어, 임의로 주어진 두 수를 곱하기는 쉬우나 이미 곱해진 수를 소인수분해 하기는 어렵다는 사실이 그러한 역할을 하게 된다.

과제 3.4 신현용(2007b)을 참고하여 정수론의 내용에는 위에 언급한 주제 외에 어떠한 것이 있는지 조사하여라.

약수와 배수

다음 사실은 직관적으로 쉽게 받아들일 수 있다. 이의 엄밀한 증명은 생략한다.

나눗셈 알고리즘

두 정수 $a, b \in \mathbb{Z}$, $b \neq 0$에 대하여 $a = bq + r$, $0 \leq r < |b|$인 두 정수 $q, r \in \mathbb{Z}$가 있고 이와 같은 q, r는 각각 하나뿐이다.

초등학교 과정에서는 약수와 배수를 자연수 범위에서 생각한다. 이제 정수 범위로 확장하여 약수와 배수의 개념을 생각하여 보자.

≪**정의 3.5**≫ 임의의 $a, b \in \mathbb{Z}$에 대하여

$$a = bc$$

인 $c \in \mathbb{Z}$가 있을 때 a를 b의 배수(multiple)라고 하고, b를 a의 약수(divisor)라고 한다. 이 경우 'a는 b로 나누어진다' 또는 'b는 a를 나눈다'라고 하며 $b \mid a$로 표시한다.

위 정의로부터 0은 모든 수의 배수이고, 1은 모든 수의 약수임을 알 수 있다. 다음 정리는 쉽게 증명할 수 있다.

≪정리 3.6≫ 임의의 두 정수 $a, b \in \mathbb{Z}$에 대하여 관계 '$a \mid b$'는 다음 성질을 가진다.

가. 임의의 $a \in \mathbb{Z}$에 대하여 $a \mid a$이다.

나. $a \mid b,\ b \mid c \Rightarrow a \mid c$

다. $a \mid b,\ b \mid a \Rightarrow a = \pm b$

라. $a \mid b,\ a \mid c$이면 임의의 $x, y \in \mathbb{Z}$에 대하여 $a \mid (bx+cy)$이다.

임의의 $a \in \mathbb{Z}$에 대하여 $a\mathbb{Z} = \{ax \mid x \in \mathbb{Z}\}$는 a의 배수 전체의 집합이다.

과제 3.7 다음을 확인하여라.

$$0\mathbb{Z} = \{0\},\ a\mathbb{Z} = (-a)\mathbb{Z}$$

다음 정리는 배수와 약수의 관계를 집합의 포함관계로 설명한다.

≪정리 3.8≫ $b\mathbb{Z} \subset a\mathbb{Z} \Leftrightarrow a \mid b$

증명 ($\Rightarrow$) $b \in b\mathbb{Z} \subset a\mathbb{Z}$이므로 $b \in a\mathbb{Z}$. 따라서 적당한 $k \in \mathbb{Z}$에 대

하여 $b=ak$이다. 결국, $a \mid b$이다.

($\Leftarrow$) $x \in b\mathbb{Z}$라고 하면 적절한 $k \in \mathbb{Z}$가 있어서 $x=bk$이다. 그런데 $a \mid b$이므로 적절한 $c \in \mathbb{Z}$가 있어서 $b=ac$이다. 따라서 $x=bk=ack$, 즉, $x \in a\mathbb{Z}$이다. ■

과제 3.9 다음을 확인하여라.

$$a\mathbb{Z}=b\mathbb{Z} \Leftrightarrow a=\pm b$$

초등학교에서는 두 수의 최대공약수는 공약수 중에서 가장 큰 것을, 최소공배수는 공배수 중에서 가장 작은 것을 의미한다. 약수와 배수를 정수 전체의 집합에서 생각하는 경우에는 최대공약수와 최소공배수는 각각 다음과 같이 정의된다.

≪**정의 3.10**≫ 임의의 $a, b \in \mathbb{Z}$에 대하여 다음 세 조건

가. $d \geq 0$

나. $d \mid a, \ d \mid b$

다. $e \mid a, \ e \mid b \Rightarrow e \mid d$

를 만족시키는 정수 d를 a와 b의 최대공약수(GCD : greatest common divisor)라고 하고 (a, b)로 표시한다.

두 정수 a와 b에 대하여 $(a, b)=1$일 때, a와 b는 '서로 소(relatively prime)'라고 한다.

≪**정의 3.11**≫ 임의의 $a, b \in \mathbb{Z}$에 대하여 다음 세 조건

가. $l \geq 0$

나. $a \mid l,\ b \mid l$

다. $a \mid e,\ b \mid e \Rightarrow l \mid e$

를 만족시키는 정수 l을 a와 b의 최소공배수(LCM : least common multiple)라고 하고 $[a, b]$로 표시한다.

과제 3.12 가. 다음을 확인하여라.

(1) $(6, 9)=3$

(2) $[6, 9]=18$

나. 두 개 이상의 수에 대한 최대공약수, 최소공배수, 쌍마다 서로 소(relatively prime in pairs)의 정의에 대하여 알아보아라.

여러 가지 성질

앞에서 언급하였듯이 자연수 전체의 집합 $\mathbb{N}$은 무한집합의 중요한 척도로서 가부번집합을 결정한다. 이 집합에 정의되는 덧셈에 관하여 모든 원소의 역원이 존재하기 위해서 즉, 뺄셈이 잘 정의되기 위해서 집합 $\mathbb{N}$은 정수 전체의 집합 $\mathbb{Z}$으로 확장되어야 한다.

이제, $\mathbb{Z}$의 덧셈에 관한 성질을 알아보자. 다음 정리는 정수의 기본적인 성질에 관한 것이다.

≪**정리 3.13**≫ 임의의 $n \in \mathbb{Z}$에 대하여 $n\mathbb{Z}$는 덧셈과 뺄셈에 관하여 닫혀있다. 역으로 $\varnothing \neq S \subseteq \mathbb{Z}$인 S가 덧셈과 뺄셈에 관하여 닫혀 있으면 음수가 아닌 어떤 정수 n이 있어서 $S = n\mathbb{Z}$이다.

[증명 및 그림]

이 정리에서는 '$\varnothing \neq S \subseteq \mathbb{Z}$인 S가 덧셈과 뺄셈에 관하여 닫혀 있으면 $S = n\mathbb{Z}$, $n \geq 0$'가 핵심이다. 먼저, $0 \in S$임을 보이고 $S = \{0\}$인 경우와 S가 0 이외의 원소를 가지는 경우로 나누어 생각한다. 특히, 두 번째의 경우 S가 양의 정수를 가짐을 보이고 정수의 정렬성에 의하여 S에 속하는 최소의 양의 정수 n을 구한 후 $S = n\mathbb{Z}$임을 보인다.

증명 $n\mathbb{Z}$의 임의의 원소 u, v를 택하면 적당한 x, $y \in \mathbb{Z}$에 대하여 $u = nx$, $v = ny$로 표시할 수 있다. 그러면, $u \pm v = n(x \pm y) \in n\mathbb{Z}$이므로, $n\mathbb{Z}$은 덧셈과 뺄셈에 관하여 닫혀 있다.

역으로, S가 덧셈과 뺄셈에 관하여 닫혀 있으면 모든 $a \in \mathbb{Z}$에 대하여 $a - a \in S$이므로 $0 \in S$이다. 만일 $S = \{0\}$이면 $S = 0\mathbb{Z}$이므로 정리의 주장이 성립됨을 알 수 있다. S가 0 이외의 원소를 가지고 있다고 하자. 이제 $a \in S$이면 $-a = 0 - a \in S$이므로 S는 양의 정수를 갖는다. 따라서 정수의 정렬성에 의하여 S는 최소의 양의 정수 n을 갖는다.

이제 $n\mathbb{Z} \subseteq S$는 분명하다. 다음 $S \subseteq n\mathbb{Z}$가 성립함을 보이자. 이를 위하여 임의의 $a \in S$를 택한다. 나눗셈 알고리즘에 의하여 $a = nq + r$, $0 \leq r < n$인 q, $r \in \mathbb{Z}$가 있다. 이때 $nq \in S$이고 $a \in S$이므로 $r = a - nq \in S$이고, n의 최소성에 의하여 $r = 0$이어야 한다. 따라서 $a = nq$가 되어 a는 n의 배수이다. 즉 $a \in n\mathbb{Z}$가 되어 $S \subseteq n\mathbb{Z}$이다. 그러므로 $S = n\mathbb{Z}$이다. ■

사실, 위 정리에서 n은 유일하게 결정된다.

≪**정의 3.14**≫ 두 정수 a, b에 대하여, $a\mathbb{Z}+b\mathbb{Z}$를 다음과 같이 정의한다.

$$a\mathbb{Z}+b\mathbb{Z}=\{ax+by \mid x,\ y\in \mathbb{Z}\}.$$

일반적으로 두 집합의 '덧셈'을 정의하기 어렵지만, 위의 경우에는 두 집합 $a\mathbb{Z}$, $b\mathbb{Z}$가 덧셈이 정의된 $\mathbb{Z}$의 부분집합이기 때문에 $a\mathbb{Z}+b\mathbb{Z}$가 정의되는 것이다. 이렇게 정의된 집합은 다음과 같이 중요한 성질을 가진다.

≪**정리 3.15**≫ 두 정수 a, b에 대하여, $a\mathbb{Z}+b\mathbb{Z}=(a,b)\mathbb{Z}$이다. 단, 여기서 $(a,\ b)$는 a와 b의 최대공약수를 나타낸다.

[증명 밑 그림]

(1) 먼저 $a\mathbb{Z}+b\mathbb{Z}$은 덧셈과 뺄셈에 관하여 닫혀있음을 보인다.
(2) 앞 선 정리에 의하여 음의 정수가 아닌 d에 대하여 $a\mathbb{Z}+b\mathbb{Z}=d\mathbb{Z}$이다.
(3) $d=(a,\ b)$임을 보인다.

증명 편의상 $(a,\ b)=d$라고 두자. 먼저 $a\mathbb{Z}+b\mathbb{Z}$는 $+$와 $-$에 의해 닫혀있음을 보이자. $a\mathbb{Z}+b\mathbb{Z}$에서 두 원소를 뽑자. $\alpha=ax+by$, $\beta=ax+by$ $(x,\ y,\ x',\ y'\in\mathbb{Z})$. 이제 $\alpha\pm\beta=a(x\pm x')+.\ b(y+y')\in a\mathbb{Z}+b\mathbb{Z}$. 따라서 $a\mathbb{Z}+b\mathbb{Z}=d\mathbb{Z}$ $(d\in\mathbb{N}\cup\{0\})$. 이제 위 밑그림에서 (3) 부분을 증명한다. 위에서 얻은 수 d가 a와 b의 최대공약수임을 보인다. 먼저 $d\geq 0$인 것은 분명하다. 이제 d

가 a와 b의 공약수임을 보이자. $S=a\mathbb{Z}+b\mathbb{Z}$라고 하면, $d\in S$이므로 $d=as+bt$인 s, $t\in\mathbb{Z}$가 있다. 한편 $a\in S$, $b\in S$이므로 $d\mid a$, $d\mid b$이다. 또한 $d=as+bt$이므로 $e\mid a$, $e\mid b$이면 $e\mid d$이어야 한다. 그러므로 d는 a와 b의 최대공약수이다. ■

과제 3.16 가. 위의 마지막 부분은 다음과 같이 증명할 수 있음을 설명하여라.

$e\mid a$, $e\mid b$이면 $a\mathbb{Z}\subset e\mathbb{Z}$이고 $b\mathbb{Z}\subset e\mathbb{Z}$이다. 그런데 $e\mathbb{Z}$는 덧셈에 관하여 닫혀있으므로 $a\mathbb{Z}+b\mathbb{Z}\subset e\mathbb{Z}$이다. 즉 $d\mathbb{Z}\subset e\mathbb{Z}$이고, 따라서 $e\mid d$이다.

나. 다음을 확인하여라.

(1) $a\mathbb{Z}\cup b\mathbb{Z}\subset a\mathbb{Z}+b\mathbb{Z}$.

(2) 두 정수 a, b에 대하여, a와 b의 최대공약수가 d이기 위한 필요충분조건은 $a\mathbb{Z}+b\mathbb{Z}=d\mathbb{Z}$이다.

이제 다음 두 정리를 쉽게 증명할 수 있다.

≪정리 3.17≫ 모두는 0이 아닌 두 정수 a, b[1]에 대하여 $(a, b)=ax+by$가 되게 하는 정수 x, y가 있다.

두 정수 a, b가 서로 소 즉, $(a, b)=1$일 때에는 위 정리를 다음과 같이 강화할 수 있다.

≪정리 3.18≫ 두 정수 a, b가 서로 소가 될 필요충분조건은 $ax+by=1$을 만족시키는 정수 x, y가 있는 것이다.

1) '두 정수 a, b가 동시에 0은 아니다'라는 뜻이다.

과제 3.19 가. 위 두 정리를 증명하여라.

나. 다음을 확인하여라.

두 정수 a, b에 대하여 $ax+by=d$을 만족시키는 정수 x, y가 있다는 것은 $(a, b)=d(d>1)$이기 위한 필요충분조건은 아니다. 즉, $(a, b)=d$이면 $ax+by=d$을 만족시키는 정수 x, y가 있지만, $ax+by=d$을 만족시키는 정수 x, y가 있다고 해서 $(a, b)=d$라고는 할 수 없다.

과제 3.20 가. 위 정리를 이용하여 $2\mathbb{Z}+3\mathbb{Z}=\mathbb{Z}$임과 모든 정수 n은 $2x+3y=n$의 꼴로 나타낼 수 있음을 설명하여라.

나. $2x+3y=-7$을 만족시키는 x와 y를 실제로 구하여라. 사실, 이와 같은 x와 y는 시행착오(try-and-error)를 통하여 구할 수 있지만 뒤에 나오는 유클리드 알고리즘(정리 3.25)을 이용하면 논리적(체계적)으로 구할 수 있다.

≪정리 3.21≫ 세 정수 a, b, c에 대하여 다음이 성립한다.

$$(ab, c)=1 \Leftrightarrow (a, c)=(b, c)=1$$

증명 $(\Rightarrow)$ $abs+ct=1$인 s, $t\in\mathbb{Z}$가 있다. 따라서 $bas+ct=1$이다. 결국, $a(bs)+ct=1$이므로 $(a, c)=1$이고 $b(as)+ct=1$이므로 $(b.c)=1$이다.

$(\Leftarrow)$ $as+ct=1$, $bs'+ct'=1$이므로, $(as+ct)\cdot(bs'+ct')=1$이다. 즉, $abss'+cu=1$. 따라서 $(ab, c)=1$이다. ■

다음 정리는 자주 이용된다.

≪정리 3.22≫ 세 정수 a, b, c에 대하여 다음이 성립한다.
가. $(a, b)=1$일 때, $a \mid bc \Leftrightarrow a \mid c$
나. $(a, b)=1$일 때, $a \mid c$, $b \mid c \Leftrightarrow ab \mid c$

증명 가. $as+bt=1$ $(s, t \in \mathbb{Z})$이므로 $acs+bct=c$이다. 그런데 $a \mid bc$이므로 $a \mid c$이다. 역으로 $a \mid c$이면 당연히 $a \mid bc$이다.

나. $as+bt=1$ $(s, t \in \mathbb{Z})$이므로 $acs+bct=c$이다. 그런데 $ab \mid ac$이고 $ab \mid bc$이므로 $ab \mid c$이다. 역으로 $ab \mid c$이면 당연히 $a \mid c$이고 $b \mid c$이다. ■

과제 3.23 다음을 확인하여라.
가. $4 \mid 2\times6$이지만 $4 \nmid 2$이고 $4 \nmid 6$이다.
나. $4 \mid 12$이고 $6 \mid 12$이지만 $24 \nmid 12$이다.

다음 정리는 유클리드 알고리즘의 원리이다. 유클리드 알고리즘은 두 수의 최대공약수를 구하는 경우는 물론 정수론의 여러 경우에 유용하다.

≪정리 3.24≫ 임의의 정수 a, b, q, c에 대하여 $a=bq+c$이면 $(a, b)=(b, c)$이다.

[증명 및 그림]

가. $(a, b)=\alpha$, $(b, c)=\beta$라고 놓고, $\alpha \mid \beta$이고 $\beta \mid \alpha$임을 보인다.

나. 최대공약수의 정의를 잘 활용한다.

증명 편의를 위해 $(a, b)=\alpha$, $(b, c)=\beta$라고 하자. $\beta \mid \alpha$이고 $\alpha \mid \beta$을 증명한다.

먼저 $\beta \mid \alpha$를 보이자. β는 b와 c의 약수이다. $a=bq+c$이므로, $\beta \mid a$이다. 따라서 $\beta \mid a$이고 $\beta \mid b$이다. 그런데 $(a, b)=\alpha$이므로 최대공약수의 정의에 의해 $\beta \mid \alpha$이다. 이제 $\alpha \mid \beta$를 보이자. $c=a-bq$, $\alpha \mid a$, 그리고 $\alpha \mid b$이므로 $\alpha \mid c$이다. 이제 $\alpha \mid b$ 이고 $\alpha \mid c$이며 $(b, c)=\beta$이므로 최대공약수의 정의에 의해 $\alpha \mid \beta$이다. ■

임의의 a, $b \in \mathbb{Z}$에 대하여 a, b의 최대공약수 $d=(a, b)$는 물론이고 $d=as+bt$인 s, $t \in \mathbb{Z}$를 구하는 방법으로서 유클리드(Euclid)의 알고리즘을 들 수 있다.

≪정리 3.25≫ (유클리드 알고리즘)

두 양의 정수 a, b에 대하여 다음이 성립한다고 하자.

$$
\begin{array}{ll}
a=q_1b+r_1 & 0<r_1<b \\
b=q_2r_1+r_2 & 0<r_2<r_1 \\
r_1=q_3r_2+r_3 & 0<r_3<r_2 \\
\vdots & \\
r_{n-2}=q_nr_{n-1}+r_n & 0<r_n<r_{n-1} \\
r_{n-1}=q_{n+1}r_n+0 &
\end{array}
$$

그러면, $(a, b)=r_n$이다.

유클리드 알고리즘을 이용하면 어떠한 두 정수에 대하여 최대공약수를 효과적으로 구할 수 있다.

과제 3.26 가. $6x+27y=3$의 한 해를 유클리드 알고리즘을 사용하여 구하여라.

나. 일반적으로 $a\mathbb{Z}+b\mathbb{Z}=d\mathbb{Z}$에서 $ax+by=d$인 x와 y를 구할 때 유클리드 알고리즘을 이용할 수 있음을 설명하여라.

임의의 두 정수 a, b에 대하여 $a\mathbb{Z}+b\mathbb{Z}$는 a와 b의 최대공약수와 관계있듯이 $a\mathbb{Z}\cap b\mathbb{Z}=l\mathbb{Z}$는 a와 b의 최소공배수와 관계있다. 사실, 다음이 성립한다.

≪정리 3.27≫ 임의의 $a, b\in\mathbb{Z}$에 대하여 $a\mathbb{Z}\cap b\mathbb{Z}=[a, b]\mathbb{Z}$이다. 여기서 $[a, b]$은 a, b의 최소공배수를 나타낸다.

증명 $S=a\mathbb{Z}\cap b\mathbb{Z}$라 하면 $ab\in a\mathbb{Z}\cap b\mathbb{Z}=S$이므로 $\varnothing\neq S\subseteq\mathbb{Z}$이고 S는 덧셈과 뺄셈에 관하여 닫혀있다. 따라서 $S=l\mathbb{Z}$인 정수 $l\geq 0$이 있다. 이제 $l\in S=a\mathbb{Z}\cap b\mathbb{Z}$이므로 $a\mid l$, $b\mid l$이다. 또한 $a\mid e$, $b\mid e$이면 $e\in a\mathbb{Z}\cap b\mathbb{Z}=l\mathbb{Z}$이고 따라서 $l\mid e$이다. 그러므로 $l=[a, b]$이다. ■

두 정수 a, b에 대하여 $a\mathbb{Z}\cup b\mathbb{Z}$는 반드시 덧셈과 뺄셈에 대해서 닫혀있다고 할 수 없다. 따라서 $a\mathbb{Z}\cup b\mathbb{Z}$은 대수적으로 중요한 역할을 하지 못한다.

한편, 집합론에서는 벤 다이어그램이 직관적이고 시각적인 이해를 돕는데 유용하듯이 대수학에서는 격자도(lattice diagram, Hasse diagram)가 활용된다. 격자도에는 대수적인 구조를 가진 집합만이 등장한다. 아래 그림에서 보듯이 $a\mathbb{Z} \cup b\mathbb{Z}$과 같이 대수적인 구조를 가지지 못하는 집합은 그림에 나타나지 않는다.

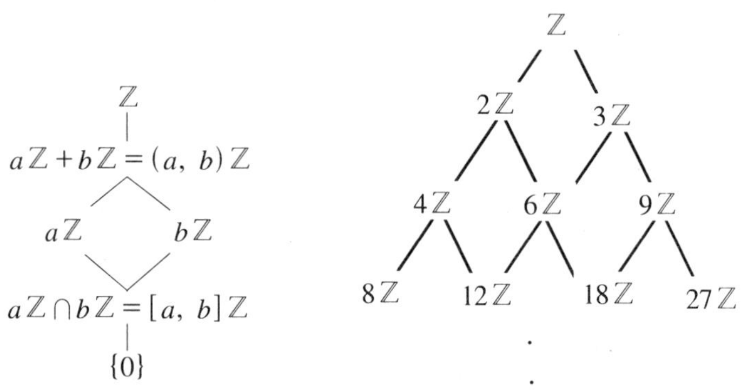

[그림 3.1]

일차부정방정식[2]

정수를 계수로 가지는 두 개 이상의 미지수에 관한 대수 방정식의 해 중에서 그 값이 모두 정수인 해를 정수해라고 한다. 그리고 이러한 방정식에 대하여 그 정수해만을 생각하는 경우에 이 방정식을 부정방정식 또는 디오판투스의(Diophantine) 방정식이라고 한다.

---

2) 이 책에서는 이차 이상의 고차 부정방정식에 관하여는 논의하지 않는다. 일반적인 해법이 까다롭다. 피타고라스의 정리와 페르마의 마지막 정리는 고차 부정방정식에 관한 문제라고 할 수 있다.

과제 3.28 다음에 관하여 조사하여라.

가. 디오판투스의 묘비명

나. 디오판투스, 피타고라스 정리, 페르마, 오일러, 와일즈 (Andrew Wiles)

일차 부정방정식은 최대공약수를 구할 때나 임의의 두 정수 a, b의 최대공약수 (a, b)에 관하여 $(a, b)=ax+by$인 정수 x, y를 구할 때 등 유용하게 사용될 수 있다.

≪정리 3.29≫ 두 미지수 x, y에 관한 일차부정방정식 $ax+by=c$ $(a\neq 0$ 또는 $b\neq 0)$에서 $d=(a, b)$라고 할 때, 이 방정식이 정수해를 가지기 위한 필요충분조건은 $d\mid c$인 것이다. 또, $d\mid c$일 때, $x=x_0$, $y=y_0$를 이 방정식의 특수해라고 하면 이 방정식의 일반해는 다음과 같이 나타내어진다.

$$\begin{cases} x=x_0+\dfrac{b}{d}k \\ y=y_0-\dfrac{a}{d}k \end{cases}, \quad k\in\mathbb{Z}$$

증명 먼저 $d\mid c$라고 하자. $d=as+bt$인 정수 s, t가 있으므로 양변에 정수 $\dfrac{c}{d}$를 곱해줌으로써 $ax+by=c$가 정수해를 가짐을 알 수 있다. 이제 $c=as+bt$인 정수 s, t가 있다고 하면 d는 a, b의 약수이므로 $c=as+bt$의 약수 즉, $d\mid c$이다. 한편, $d\mid c$이고 $x=x_0$, $y=y_0$를 이 방정식의 한 해라고 하면 다음이 성립한다. $ax+by=c=ax_0+by_0$. 따라서 $a(x-x_0)=b(y_0-y)$. 양변을 d로

나누면 $\frac{a}{d}(x-x_0)=\frac{b}{d}(y_0-y)$인데 여기서 $(\frac{a}{d},\frac{b}{d})=1$이다. 결국 $\frac{b}{d}$는 $x-x_0$의 약수이므로 $x=x_0+\frac{b}{d}k$, $k\in\mathbb{Z}$이다. 이 값을 $\frac{a}{d}(x-x_0)=\frac{b}{d}(y_0-y)$에 대입하여 $y=y_0-\frac{a}{d}k$를 얻을 수 있다. 한편, 임의의 $k\in\mathbb{Z}$에 대하여 $x=x_0+\frac{b}{d}k$, $y=y_0-\frac{a}{d}k$는 모두 주어진 방정식의 해임을 알 수 있다. ■

과제 3.30 가. 위 증명에 관한 다음 물음에 답하여라.

(1) '$d\mid c$'을 증명하는 과정에서 '$c=as+bt$인 정수 s, t가 있다'는 가정이 왜 필요한지 설명하여라.

(2) $x=x_0+\frac{b}{d}k$, $k\in\mathbb{Z}$를 구한 후 같은 방법으로 y도 다음과 같이 구하면 어떨까?

'$\frac{a}{d}$는 y_0-y의 약수이므로 $y=y_0-\frac{a}{d}k$, $k\in\mathbb{Z}$이다.'

나. 위의 정리는 주어진 방정식에 관하여 다음 사항을 언급함을 확인하여라.

(1) 해가 있는가?

(2) 해가 있다면 해의 개수는 몇 개인가?

(3) 해는 어떠한 형태인가?

다. 부정방정식 $7x+10y=280$의 양의 정수 해를 구하여라. 여기서 양의 정수해라는 것은 부정방정식의 해 중에서 그 값이 모두 양의 정수인 해를 말한다.

라. 수탉은 한 마리에 은화 5냥, 암탉은 한 마리에 은화 3냥, 병아리는 세 마리에 은화 1냥으로 살 수 있을 때, 이들을 각각 몇 마리씩 사면 은화 100냥으로 모두 100마리를 살

수 있겠는가?

마. 디오판투스 방정식 $2x+4y=3$과 좌표 평면 위에서의 $2x+4y=3$의 해에 관하여 비교하여 보자. 사실, 일반적인 부정방정식 $2x+4y=3$의 해는 실수 좌표 평면에서 생각하지만 디오판투스 방정식의 해는 정수 성분을 가지는 격자점으로 이루어진 좌표 평면을 생각해야 한다. 따라서 미지수가 두 개인 일차부정방정식의 실수해는 항상 무수히 많지만 정수해만을 구하는 디오판투스 방정식의 해는 하나도 없을 수도 있다.

바. 주어진 일차부정방정식의 한 해를 구할 때 유클리드 알고리즘을 사용할 수 있음을 설명하여라.

사. 화투 놀이에 관한 다음 물음에 답하여라.

(1) 두 명이 놀이를 할 때에는 몇 장을 나누어 가져야 하며, 몇 장을 바닥에 펼쳐야 하나?

나누어 가지는 화투의 장수와 바닥에 펼치는 화투의 장수를 각각 x, y라고 하면 쌓아 놓을 화투의 장수는 $48-2x-y$이다. 그런데 화투 놀이의 규칙에 의하여 $48-2x-y=2x$가 성립한다. 결국 일차 부정방정식 $4x+y=48$을 얻을 수 있고 $(1, 44)$는 한 해임을 알 수 있다. 이제 일반해는 다음과 같이 주어진다.

$$\begin{cases} x=1+k \\ y=44-4k \end{cases}, \quad k\in\mathbb{Z}$$

결국 다음과 같은 여러 가지 해를 구할 수 있다.

$$\begin{cases} x=1 \\ y=44 \end{cases}, \begin{cases} x=2 \\ y=40 \end{cases}, \cdots, \begin{cases} x=9 \\ y=12 \end{cases}, \begin{cases} x=10 \\ y=8 \end{cases}, \cdots, \begin{cases} x=11 \\ y=4 \end{cases}.$$

보통은 $\begin{cases} x=10 \\ y=8 \end{cases}$의 경우로 놀이를 한다.

(2) 세 명 또는 네 명의 경우는 어떠한가?

(3) 이 놀이는 최대 몇 명까지 가능한가?

소수

정수 $p>1$의 약수가 ± 1, $\pm p$뿐인 경우 p를 소수(素數, prime number)라고 한다.

⋆과제 3.31 0.5나 3.14와 같은 수를 소수(小數, decimal number)라고 부른다. 이러한 혼동을 피하기 위해 소수(素數, prime number)를 '씨수[3]' 등 다른 용어를 사용하면 어떠한 문제가 발생할 수 있는지 논의하여라.

소수에 관한 여러 가지 문제 중에서 소수의 개수나 분포에 관한 것은 중요하다.

≪**정리 3.32**≫ 소수는 무수히 많다.

증명 유한개의 소수만이 있다고 가정하고 이들 서로 다른 소수를

3) 북한이 사용하는 용어이다.

$p_1, p_2, \cdots p_n$이라고 하자. 이때 $q = p_1 p_2 \cdots p_n + 1$이라고 놓으면, $q > 1$이므로 q를 나누는 소수 p가 있다. 그런데 가정에서 소수는 $p_1, p_2, \cdots, p_n$뿐이므로 p는 이들 중 어느 하나와 일치한다. 그러나 이것은 모순이다. 따라서 처음에 가정한 유한개의 소수만이 있다는 것이 잘못이다.

★과제 3.33 '자료 : 소수는 무수히 많다'를 참고하여 위 정리의 여러 가지 증명에 관하여 살펴보아라.

다음 정리는 중요하나 증명은 생략한다.

≪**정리 3.34**≫ (정수론의 기본정리)

가. 각 정수 $n(n \geq 2)$은 유한개의 소수 $p_1, p_2, p_3, \cdots, p_k$의 곱 $n = p_1 p_2 p_3 \cdots p_k$으로 소인수분해된다.

나. 각 정수 n $(n \geq 2)$의 소인수분해는 본질적으로 단 한 가지뿐이다. 즉

$$n = p_1 \cdots p_s,\ n = q_1 \cdots q_t\ (p_1, \cdots, p_s, q_1, \cdots, q_t \text{는 소수})$$

를 n의 소인수 분해라고 하면, $s = t$이고 또 $p_1, \cdots, p_s$와 $q_1, \cdots, q_t$는 그 순서만이 다를 뿐이다.

위 정리로부터 다음을 알 수 있다. 즉, 양의 정수 $n(n \geq 2)$의 서로 다른 소인수 전체가 $p_1, p_2, \cdots, p_k$일 때, n은 단 한 가지 방

법으로 다음과 같이 소인수분해 된다.

$n=p_1^{e_1}\cdots p_k^{e_k}$ ($p_1, \cdots p_k$는 서로 다른 소수이고, $e_1 \geq 1$, $\cdots$, $e_k \geq 1$)

양의 정수 $n(n \geq 2)$을 위와 같은 꼴로 나타낸 것을 특히 n 의 표준인수분해라고 한다.

다음 정리는 최대공약수와 최소공배수의 정의에 의하여 분명하다.

> **≪정리 3.35≫** 양의 정수 a, b, c에 대하여 다음이 성립한다.
>
> $$a=p_1^{k_1}p_2^{k_2}\cdots p_t^{k_t},\ b=p_1^{l_1}p_2^{l_2}\cdots p_t^{l_t}\ (k_i \geq 0,\ l_i \geq 0)$$
>
> 여기서 p_1, p_2, $\cdots p_t$는 서로 다른 소수
>
> 이때 각 $i(1 \leq i \leq t)$에 대하여 $m_i=\min\{k_i, l_i\}$, $n_i=\max\{k_i, l_i\}$라고 하면 다음이 성립한다.
>
> 가. $(a, b)=p_1^{m_1}p_2^{m_2}\cdots p_t^{m_t}$, $[a, b]=p_1^{n_1}p_2^{n_2}\cdots p_t^{n_t}$
>
> 나. $ab=(a, b)[a, b]$

과제 3.36 가. 위 정리의 내용은 중학교 과정에서 배우는 두 정수의 최대공약수 최소공배수를 구하는 방법임을 확인하여라.

나. 다음은 세 수 12, 30, 70의 최소공배수를 구하는 과정이다.

$$\begin{array}{r|rrr} 2 & 12 & 30 & 70 \\ \hline & 6 & 15 & 35 \end{array}$$

↓

$$\begin{array}{r|rrr} 3 & 6 & 15 & 35 \\ \hline & 2 & 5 & 35 \end{array}$$

↓

$$\begin{array}{r|rrr} 5 & 2 & 5 & 35 \\ \hline & 2 & 1 & 7 \end{array}$$

첫 단계에서는 세 수 모두의 약수인 2를 사용하지만 두 번째 단계와 세 번째 단계에서는 두 수만의 약수인 3과 5를 사용했다. 네 개 이상의 수의 최소공배수를 구할 때에도 두 개 이상의 수의 공약수에 대해서 위와 같은 과정을 거쳐야 한다. 이 알고리즘을 이론적으로 설명하여라. 또 다음과 같이 하여도 됨을 설명하여라.

$$\begin{array}{r|rrr} 2 & 12 & 30 & 70 \\ \hline & 6 & 15 & 35 \end{array}$$

↓

$$\begin{array}{r|rrr} 2 & 6 & 15 & 35 \\ \hline & 3 & 15 & 35 \end{array}$$

↓

$$\begin{array}{r|rrr} 3 & 3 & 15 & 35 \\ \hline & 1 & 5 & 35 \end{array}$$

↓

$$\begin{array}{r|rrr} 5 & 1 & 5 & 35 \\ \hline & 1 & 1 & 7 \end{array}$$

↓

$$\begin{array}{r|rrr} 7 & 1 & 1 & 7 \\ \hline & 1 & 1 & 1 \end{array}$$

다음과 같이 하면 왜 옳지 않은지 그 이유를 설명하여라.

$$\begin{array}{r|rrr} 10 & 12 & 30 & 70 \\ \hline & 12 & 3 & 7 \end{array}$$

↓

$$\begin{array}{r|rrr} 3 & 12 & 3 & 7 \\ \hline & 4 & 1 & 7 \end{array}$$

두 정수의 표준분해를 알고 있을 때에는 최대공약수와 최소공배수를 쉽게 구할 수 있는 등 여러 문제를 효과적으로 풀 수 있다.

≪**정리 3.37**≫ 정수 n $(n \geq 2)$의 표준분해가 $n = p_1^{e_1} p_2^{e_2} \cdots p_r^{e_r}$ 라고 하면 다음이 성립한다.

가. $d \geq 1$, $d \mid n \Leftrightarrow d = p_1^{f_1} p_2^{f_2} \cdots p_r^{f_r}$ $\quad (0 \leq f_i \leq e_i)$

나. $\tau(n) = (e_1 + 1)(e_2 + 1) \cdots (e_r + 1)$

다. $\sigma(n) = (1 + p_1 + p_1^{\,2} + \cdots + p_1^{e_1})(1 + p_2 + \cdots + p_2^{e_2}) \cdots$

$(1 + p_r + \cdots + p_r^{e_r})$

여기서, $\tau(n)$은 n의 양의 약수 전체의 개수이고, $\sigma(n)$은 n의 양의 약수 전체의 합이다.

과제 3.38 가. 위 정리를 증명하여라.

나. 위 정리에서 $\tau(n)$을 구하는 공식과 관련하여 다음을 설명하여라.

원소의 개수가 n인 집합의 부분 집합의 개수는 2^n이다.

합동

집합론에서 동치관계와 그에 의한 분할을 배웠다. 여기에서는 정수 전체의 집합에서 하나의 동치관계를 생각하고 그에 의한 분할을 살펴본다.

≪**정의 3.39**≫ $a, b \in \mathbb{Z}$와 $m \in \mathbb{N}$에 대하여 a와 b의 차(difference) $a-b$가 m의 배수일 때 'a와 b는 법(modulus) m에 관하여 합동(a is congruent to b modulo m)'이라고 하고, 이것을 $a \equiv b \pmod{m}$로 표시한다. 즉,

$$a \equiv b \pmod{m} \Leftrightarrow m \mid (a-b) \Leftrightarrow a-b \in m\mathbb{Z}$$

등식과 마찬가지로 합동관계는 동치관계이다.

≪**정리 3.40**≫ $\mathbb{Z}$ 위에서의 합동관계 $a \equiv b \pmod{m}$은 동치관계이다. 즉,

가. 모든 정수 a에 대하여, $a \equiv a \pmod{m}$이다.

나. $a \equiv b \pmod{m} \Rightarrow b \equiv a \pmod{m}$

다. $a \equiv b \pmod{m}$, $b \equiv c \pmod{m} \Rightarrow a \equiv c \pmod{m}$

증명 가. 모든 $a \in \mathbb{Z}$에 대하여 $m \mid (a-a)$이므로 $a \equiv a \pmod{m}$이다.

나. $a \equiv b \pmod{m}$이면 $m \mid (a-b)$이므로 $m \mid (b-a)$이고 따라서 $b \equiv a \pmod{m}$이다.

다. $a \equiv b \pmod{m}$, $b \equiv c \pmod{m}$이면 $m \mid (a-b)$, $m \mid (b-c)$이므로 $m \mid (a-b)+(b-c)$, 즉 $m \mid (a-c)$이다. 따라서 $a \equiv c \pmod{m}$이다. ■

등식의 양변에 같은 수를 더하거나, 빼거나, 또는 곱하여도 등식은 성립한다. 합동식도 같은 성질을 가짐을 쉽게 증명할 수 있다.

≪**정리 3.41**≫ 합동식은 양변에 같은 수를 더하거나, 빼거나, 또는 곱하여도 성립한다.

과제 3.42 가. 위 정리를 부등식의 경우에 조사하여라.

나. 합동식은 양변에 같은 수($\neq 0$)로 나누면 성립하지 않는 예를 제시하여라.

≪**정리 3.43**≫ m이 주어진 양수이고, a, b, c, d가 임의의 정수라고 하면 다음이 성립한다.
$a \equiv b \pmod{m}$이고 $c \equiv d \pmod{m}$이면 $a+c \equiv b+d \pmod{m}$, $a-c \equiv b-d \pmod{m}$, 그리고 $ac \equiv bd \pmod{m}$이다.

증명 $ac-bd = ac-ad+ad-bd = a(c-d)+(a-b)d \equiv 0 \pmod{m}$. 따라서 $ac \equiv bd \pmod{m}$이다. 다른 관계식은 쉽게 증명할 수 있다. ■

과제 3.44 다음을 확인하여라.

가. 실수의 곱셈에서는 다음이 성립한다.

(1) $ab=0 \Rightarrow a=0$ 또는 $b=0$.

(2) $ab=ac \Rightarrow a=0$ 또는 $b=c$.

나. 합동관계에서는 일반적으로 다음이 성립하지 않는다.

(1) $ab \equiv 0 \pmod{m} \Rightarrow a \equiv 0 \pmod{m}$ 또는 $b \equiv 0 \pmod{m}$

(2) $ab \equiv ac \pmod{m} \Rightarrow a \equiv 0 \pmod{m}$ 또는 $b \equiv c \pmod{m}$

≪**정의 3.45**≫ $\mathbb{Z}$ 위에서 합동관계 $a \equiv b(\text{mod } m)$에 관한 동치류를 법 m에 관한 잉여류(residue class modulo m)라고 한다.

이 때, $a \in \mathbb{Z}$에 의하여 결정되는 법 m에 관한 잉여류를 $\bar{a}$로 나타낸다. 즉,

$$\begin{aligned}\bar{a} &= \{x \in \mathbb{Z} \mid x \equiv a(\text{mod } m)\} = \{a + mk \mid k \in \mathbb{Z}\} \\ &= \{a,\ a \pm m,\ a \pm 2m,\ \cdots\}\end{aligned}$$

≪**정리 3.46**≫

가. $\mathbb{Z} = \bigcup_{a \in \mathbb{Z}} \bar{a}$ 나. $a \equiv b(\text{mod } m) \Leftrightarrow \bar{a} = \bar{b}$

다. 임의의 $a, b \in \mathbb{Z}$에 대하여 다음 중 하나만 성립한다.

$$\bar{a} \cap \bar{b} = \varnothing \text{ 또는 } \bar{a} = \bar{b}.$$

증명 가. 임의의 $a \in \mathbb{Z}$에 대하여 $a \in \bar{a}$이므로 $\mathbb{Z} \subset \bigcup_{a \in \mathbb{Z}} \bar{a}$이다. 한편, $\bigcup_{a \in \mathbb{Z}} \bar{a} \subset \mathbb{Z}$이므로 $\mathbb{Z} = \bigcup_{a \in \mathbb{Z}} \bar{a}$이다.

나. 편의상 $a \equiv b(\text{mod } m)$을 $a \sim b$로 표시하자. 먼저 $a \sim b$라 하자. $x \in \bar{a}$이면 $x \sim a$이므로 $x \sim b$, 즉 $x \in \bar{b}$이다. 그러므로 $\bar{a} \subseteq \bar{b}$. 한편 $a \sim b$이면 $b \sim a$이므로 $a \sim b$인 경우에서 b와 a를 바꾸어 생각하면 $\bar{b} \subseteq \bar{a}$이다. 따라서 $\bar{a} = \bar{b}$. 역으로 $\bar{a} = \bar{b}$라고 하면 $a \in \bar{a}$이므로 $a \in \bar{b}$. 따라서 $a \sim b$이다. 그러므로 $a \equiv b(\text{mod } m)$이다.

다. $\bar{a} \cap \bar{b} = \varnothing$이거나 $\bar{a} \cap \bar{b} \neq \varnothing$임은 당연하다. $\bar{a} \cap \bar{b} \neq \varnothing$라고

하자. 이 때 $c \in \overline{a} \cap \overline{b}$인 원소 c가 있다. 따라서 $c \in \overline{a}$, $c \in \overline{b}$, $c \equiv a \pmod{m}$, $c \equiv b \pmod{m}$이다. 결국 $a \equiv b \pmod{m}$이므로 $\overline{a} = \overline{b}$이다. ■

과제 3.47 다음을 확인하여라.

법 $m=3$일 때,

$$\overline{0} = \{\cdots, -6, -3, 0, 3, 6, \cdots\} = \overline{-6} = \overline{-3} = \overline{3} = \overline{6} = \cdots,$$
$$\overline{1} = \{\cdots, -5, -2, 1, 4, 7, \cdots\} = \overline{-5} = \overline{-2} = \overline{4} = \overline{7} = \cdots,$$
$$\overline{2} = \{\cdots, -4, -1, 2, 5, 8, \cdots\} = \overline{-4} = \overline{-1} = \overline{2} = \overline{5} = \cdots.$$

임의의 정수 $a \in \mathbb{Z}$에 대하여

$$a = mq + r, \ 0 \le r < m$$

인 정수 q, r가 있다. 이때 $a \equiv r \pmod{m}$이고 따라서 $\overline{a} = \overline{r}$이다. 즉 $\overline{a}$는 $\overline{0}, \overline{1}, \cdots, \overline{m-1}$ 중 어느 하나이다. 또한 $0, 1, \cdots, m-1$은 어느 둘도 법 m에 관하여 합동이 아니므로 $\overline{0}, \overline{1}, \cdots, \overline{m-1}$는 서로 다르다. 따라서 $\mathbb{Z}$의 법 m에 관한 잉여류 전체의 집합을 $\overline{\mathbb{Z}_m}$이라 하면

$$\overline{\mathbb{Z}_m} = \{\overline{a} \mid a \in \mathbb{Z}\} = \{\overline{0}, \overline{1}, \cdots, \overline{m-1}\}.$$

이제 집합 $\overline{\mathbb{Z}_m}$ 위에 덧셈과 곱셈을 정의하자. 사실, 임의의 $\overline{a}$, $\overline{b} \in \overline{\mathbb{Z}_m}$에 대하여 덧셈과 곱셈을 다음과 같이 정의한다.

$$\overline{a} + \overline{b} = \overline{a+b}, \quad \overline{a}\,\overline{b} = \overline{ab}$$

≪정리 3.48≫ 위에서 정의한 덧셈과 곱셈은 잘 정의된다.

증명 덧셈과 곱셈이 잘 정의됨을 보이기 위해서는 $\overline{a}=\overline{a'}$ 이고 $\overline{b}=\overline{b'}$ 이면 $\overline{a+b}=\overline{a'+b'}$ 이고 $\overline{ab}=\overline{a'b'}$ 임을 보여야 한다. 즉, $a \equiv a' \pmod m$, $b \equiv b' \pmod m$ 이면 $a+b \equiv a'+b' \pmod m$ 이고 $ab \equiv a'b' \pmod m$ 임을 보여야 한다. 먼저 $a+b-(a'+b') = (a-a')+(b-b')$ 인데 $a-a', b-b'$ 모두 m의 배수이므로 $a+b-(a'+b')$도 m의 배수이다. 따라서 $\overline{a+b}=\overline{a'+b'}$ 이다. 한편, $ab-a'b' = ab-ab'+ab'-a'b' = a(b-b')+(a-a')b'$ 인데 $a-a'$, $b-b'$가 모두 m의 배수이므로 $ab-a'b'$도 m의 배수이다. 따라서 $\overline{ab}=\overline{a'b'}$ 이다. ■

$\overline{\mathbb{Z}_m}$에서의 연산은 $\mathbb{Z}$에서의 연산으로부터 정의된다. 따라서 $\overline{\mathbb{Z}_m}$에서의 연산은 $\mathbb{Z}$에서의 연산과 비슷한 성질을 가지게 될 것으로 기대할 수 있다.

과제 3.49 다음을 확인하여라.

가. $\overline{\mathbb{Z}_4}=\{\overline{0}, \overline{1}, \overline{2}, \overline{3}\}$의 덧셈과 곱셈은 다음 표와 같다.

$+$	$\overline{0}$	$\overline{1}$	$\overline{2}$	$\overline{3}$
$\overline{0}$	$\overline{0}$	$\overline{1}$	$\overline{2}$	$\overline{3}$
$\overline{1}$	$\overline{1}$	$\overline{2}$	$\overline{3}$	$\overline{0}$
$\overline{2}$	$\overline{2}$	$\overline{3}$	$\overline{0}$	$\overline{1}$
$\overline{3}$	$\overline{3}$	$\overline{0}$	$\overline{1}$	$\overline{2}$

$\cdot$	$\bar{0}$	$\bar{1}$	$\bar{2}$	$\bar{3}$
$\bar{0}$	$\bar{0}$	$\bar{0}$	$\bar{0}$	$\bar{0}$
$\bar{1}$	$\bar{0}$	$\bar{1}$	$\bar{2}$	$\bar{3}$
$\bar{2}$	$\bar{0}$	$\bar{2}$	$\bar{0}$	$\bar{2}$
$\bar{3}$	$\bar{0}$	$\bar{3}$	$\bar{2}$	$\bar{1}$

나. 위 연산표를 이용하여 $\overline{\mathbb{Z}_4}$에 정의된 덧셈과 곱셈에 관하여 다음을 설명하여라.

(1) 항등원이 존재한다.

(2) 교환법칙이 성립한다.

앞으로 혼란의 여지가 없을 때에는 $\mathbb{Z}$의 법 m에 관한 잉여류 전체의 집합을 $\mathbb{Z}_m=\{0, 1, \cdots, m-1\}$과 같이 나타낸다.

과제 3.50 가. 다음은 학교 수학에서 다루는 내용으로서 합동식의 유용한 활용이다. 합동식을 이용하여 어떤 수가 어떤 수로 나누어떨어지는 조건을 쉽게 구할 수 있다. 우선, 자연수 k를 십진법으로 전개하면 다음과 같다고 하자:

$$k=a_n 10^n+a_{n-1}10^{n-1}+\cdots+a_1 10+a_0.$$

(1) 수 k가 10으로 나누어떨어질 필요충분조건은 k의 일의 자리 숫자 a_0가 0인 것이다.

(2) 수 k가 5로 나누어떨어질 필요충분조건은 k의 일의 자리 숫자 a_0가 0 또는 5인 것이다.

(3) 수 k가 2로 나누어떨어질 필요충분조건은 k의 일의 자리 숫자 a_0가 2로 나누어떨어지는 것이다.

(4) 수 k가 4로 나누어떨어질 필요충분조건은 k의 십의 자리 숫자 a_1의 10배와 일의 자리 숫자 a_0의 합이 4로 나누어떨어지는 것이다.

(5) 수 k가 3과 9로 나누어떨어질 필요충분조건은 k의 각 자리 숫자의 합 $a_n + a_{n-1} + \cdots + a_0$이 각각 3과 9로 나누어떨어지는 것이다.

(6) 수 k가 6, 8, 11로 나누어떨어질 필요충분조건을 각각 구하여라.

(7) 수 k가 7 또는 13으로 나누어떨어질 필요충분조건은 무엇인가?

나. 다음에 대해서 논의하여라.

(1) 숫자의 다음 표기법에 대하여 알아보아라.
로마 표기법, 중국 표기법, 아라비아 표기법

(2) '자리값' 개념의 유용성에 관하여 알아보아라.

(3) '0'의 발견의 의의에 대하여 알아보아라.

다. $\mathbb{Z}_5$와 $\mathbb{Z}_6$에서의 곱셈에 관하여 토의하여라. 곱셈의 역원에 관하여 어떠한 차이가 있는가? $\mathbb{Z}_6$에서 곱셈에 관한 역원이 없는 원소는 어떠한 것들인가? 일반적으로 $\mathbb{Z}_n$에서 법 n이 소수인 경우와 합성수인 경우로 나누어 생각하여 보아라.

일차합동식

실수 집합에서 일차 방정식을 생각하듯이 정수 집합에서 다음과 같은 일차 합동식을 생각한다. $ax \equiv b \pmod{m}$, $a \not\equiv 0 \pmod{m}$. 여기서 a, b는 $\mathbb{Z}_m$의 원소이고, 해도 $\mathbb{Z}_m$에서 구한다. 일차 부정방정식에서와 마찬가지로 이 일차 합동식이 해를 가지기 위한 필요충분조건은 무엇이며, 해를 가지는 경우에는 해는 몇 개이며 해를 어떻게 구하는가가 주된 문제이다.

이 책에서는 이차 이상의 합동식 풀이에 대해서는 논의하지 않는다.

과제 3.51 가. 다음을 확인하여라.

(1) 일차 방정식 $ax=b$의 해에 관하여 다음이 성립한다.

(가) $ax=b$와 같은 모양의 방정식에서 $a=0$이고 $b=0$이면 해는 무수히 많으나, $a=0$이지만 $b \neq 0$이면 해는 존재하지 않는다.

(나) $a \neq 0$인 경우에는 b의 값에 무관하게 유일한 해 $a^{-1}b=\dfrac{b}{a}$를 가진다.

(2) 미지수가 두 개인 일차방정식 두 개로 이루어진 일차연립방정식은 $AX=B$와 같은 모양의 행렬 표현이 가능하다. 여기서 A는 2×2행렬이고, X와 B는 2×1행렬이다. 이 연립방정식의 해에 관하여 다음이 성립한다.

(가) A의 행렬식이 0이면 $AX=B$는 해를 가지지 않던가 무수히 많은 해를 가진다.

(나) A의 행렬식이 0이 아니면 A는 역행렬 A^{-1}을 가진

다. 따라서 $AX=B$는 유일한 해 $A^{-1}B$를 가진다.

나. $\mathbb{Z}_m=\{0, 1, \cdots, m-1\}$의 원소를 하나하나 대입해 봄으로써 다음 일차 합동식을 풀고 해가 몇 개인지 살펴라.

(1) $2x \equiv 3 \pmod 5$

(2) $2x \equiv 4 \pmod 6$

(3) $2x \equiv 1 \pmod 4$

≪정리 3.52≫ 일차 합동식 $ax \equiv b \pmod m$, $(a, m)=1$은 단 한 개의 해를 갖는다.

증명 가정에 의하여 $(a, m)=1$이므로 $as+mt=1$인 정수 s, t가 있다. 이때, $asb+mtb=b$이므로 $a(sb) \equiv b \pmod m$이고 따라서 $x \equiv sb \pmod m$는 주어진 합동식 $ax \equiv b \pmod m$의 해다. 다음에 $x \equiv x_1 \pmod m$, $x \equiv x_2 \pmod m$가 주어진 합동식의 해이면, $ax_1 \equiv b \equiv ax_2 \pmod m$이고 또 $(a, m)=1$이므로, $x_1 \equiv x_2 \pmod m$이다. 따라서 주어진 일차 합동식은 단 한 개의 해를 가진다. ■

이제, 이 정리를 다음과 같이 일반화하여 증명하자.

≪정리 3.53≫ $(a, m)=d$라고 하자. 그러면 일차 합동식 $ax \equiv b \pmod m$가 해를 가질 필요충분조건은 $d \mid b$이다. 또, $d \mid b$이면 주어진 일차 합동식은 법 m으로 d개의 합동이 아닌 해들을 갖는다. 만일 x_0가 이 일차 합동식의 해라고 하면 d개의 합동이 아닌 해는 다음과 같다.

$$x \equiv x_0 + \frac{m}{d} r, \quad r=0, 1, \cdots, d-1.$$

증명 먼저 일차 합동식 $ax \equiv b \pmod{m}$가 해 $x \equiv c \pmod{m}$를 가지면 $ac \equiv b \pmod{m}$이므로 $ac + mk = b$인 정수 k가 있고 따라서 $d \mid b$이다.

역으로, $d \mid b$라고 가정하자. 이때 $ax \equiv b \pmod{m} \Leftrightarrow \frac{a}{d}x \equiv \frac{b}{d} \left(\text{mod}\, \frac{m}{d}\right)$이고 $\left(\frac{a}{d}, \frac{m}{d}\right) = 1$이므로 이 합동식은 법 $\frac{m}{d}$에 관하여 단 한 개의 해를 가진다. 이제 그 해를 $x \equiv x_0 \left(\text{mod}\, \frac{m}{d}\right)$라고 하면 다음이 성립한다.

$$x \equiv x_0 \left(\text{mod}\, \frac{m}{d}\right) \Leftrightarrow x = x_0 + \frac{m}{d}k \qquad (k \in \mathbb{Z})$$

$$\Leftrightarrow x = x_0 + \frac{m}{d}(dq + t) \ (q \in \mathbb{Z},\ 0 \le t \le d-1)$$

$$\Leftrightarrow x = x_0 + mq + \frac{m}{d}t \quad (q \in \mathbb{Z},\ 0 \le t \le d-1)$$

$$\Leftrightarrow x \equiv x_0 + \frac{m}{d}t \pmod{m} \ \ (0 \le t \le d-1)$$

한편

$$x_0 + \frac{m}{d}t_1 \equiv x_0 + \frac{m}{d}t_2 \pmod{m}$$

$$\Leftrightarrow \frac{m}{d}t_1 \equiv \frac{m}{d}t_2 \pmod{m}$$

$$\Leftrightarrow \frac{m}{d}d \mid \frac{m}{d}(t_1 - t_2)$$

$$\Leftrightarrow d \mid (t_1 - t_2)$$

$$\Leftrightarrow t_1 \equiv t_2 \pmod{d}$$

따라서 합동식 $ax \equiv b \pmod{m}$는 서로 다른 d개의 해를 가진다.

■

위의 정리는 앞의 정리 3.29를 이용하여 증명할 수 있다.

사실, 일차 합동식 $ax \equiv b \pmod{m}$에서 $d \mid b$이고 $x \equiv x_0 \pmod{m}$가 한 해라고 하면 $ax_0 + my = b$에서 $x = x_0 + \frac{b}{d}k$, $k \in \mathbb{Z}$이다. 여기서 $0 \leq k \leq d-1$일 때에만 m을 법으로 합동이 아닌 해임을 알 수 있다.

이상에서 살펴보았듯이 합동식 $ax \equiv b \pmod{m}$의 해를 구하는 문제는, 본질적으로 일차부정방정식 $ax + my = b$의 해를 구하는 문제와 같다. 다만 일차부정방정식에는 법(modulus)이 없으므로 해가 있으면 무수히 많지만 합동식에는 법이 주어지므로 해가 있어도 유한개 있다.

한편, 합동식 $ax \equiv b \pmod{m}$의 특수한 해는 부정방정식 $ax + my = b$의 특수한 정수해를 구할 때와 마찬가지로 유클리드 알고리즘을 이용하면 편리하다.

과제 3.54 가. 유클리드 알고리즘을 이용하여 합동식 $8x \equiv 4 \pmod{14}$의 해를 하나 구하여라.

나. 정리 3.53을 사용하여 합동식 $8x \equiv 4 \pmod{14}$의 해를 모두 구하여라.

일차 연립 합동식

중학교 과정에서 여러 개의 일차방정식을 연립하여 연립 일차방정식을 생각하고 그 풀이법으로서 가감법 등을 배운다.

이와 마찬가지로 여러 개의 일차합동식을 연립하여 연립합동식을 생각할 수 있다.

여기에서는 일차합동식의 연립합동식의 풀이법을 논의한다.

과제 3.55 초등학교와 중학교에서 배우는 다음 문제를 생각하여 보자.

가. 가로, 세로, 높이가 각각 2cm, 3cm, 5cm인 블록을 촘촘히 쌓아 정육면체의 탑을 만들려고 한다. 최소 몇 개의 블록이 필요한가? 이 문제는 다음과 같이 나타낼 수 있다 : 다음 연립 합동식을 풀고, 가장 작은 자연수 해를 구하여라.

$$\begin{cases} x \equiv 0 \pmod 2 \\ x \equiv 0 \pmod 3 \\ x \equiv 0 \pmod 5 \end{cases}$$

나. 2로 나누면 나머지가 1, 3으로 나누어도 나머지가 1, 5로 나누어도 나머지가 1인 수 중에서 1보다 큰 가장 작은 자연수는 무엇인가? 이 문제는 다음과 같이 나타낼 수 있다. 다음 연립 합동식을 풀고, 1보다 큰 가장 작은 자연수 해를 구하여라.

$$\begin{cases} x \equiv 1 \pmod 2 \\ x \equiv 1 \pmod 3 \\ x \equiv 1 \pmod 5 \end{cases}$$

다. 2로 나누면 나머지가 1, 3으로 나누면 나머지가 2, 5로 나누면 나머지가 4인 수 중에서 가장 작은 수는 무엇인가? 이 문제는 다음과 같이 나타낼 수 있다. 다음 연립 합동식을 풀고, 가장 작은 자연수 해를 구하여라.

$$\begin{cases} x \equiv 1 \pmod 2 \\ x \equiv 2 \pmod 3 \\ x \equiv 4 \pmod 5 \end{cases}$$

이 문제는 다음과 같이 바꾸어 생각할 수 있다.

$$\begin{cases} x \equiv -1 \pmod 2 \\ x \equiv -1 \pmod 3 \\ x \equiv -1 \pmod 5 \end{cases}$$

위의 모든 문제를 간단한 문제로 변형시켜 최소공배수의 개념을 사용하여 쉽게 풀 수 있음을 설명하여라.

이제 다음 문제를 생각하여 보자.

2로 나누면 나머지가 1, 3으로 나누면 나머지가 2, 5로 나누면 나머지가 3인 수 중에서 가장 작은 수는 무엇인가? 이 문제는 다음과 같이 나타낼 수 있다 : 다음 연립 합동식을 풀고, 가장 작은 자연수 해를 구하여라.

$$\begin{cases} x \equiv 1 \pmod{2} \\ x \equiv 2 \pmod{3} \\ x \equiv 3 \pmod{5} \end{cases}$$

이 문제의 경우에는 최소공배수의 문제로 바꾸는 일이 쉽지 않다. 사실, 이러한 문제를 비롯하여 일반적인 연립 일차합동식을 풀 때 다음 정리는 매우 유용하다.

≪정리 3.56≫ (중국인의 나머지 정리, Chinese Remainder Theorem)[4)]

양의 정수 $m_1,\ m_2,\ \cdots,\ m_n\ (n \geq 2)$이 쌍마다 서로 소라고 하자. 임의의 정수 $c_1,\ c_2,\ \cdots,\ c_n$에 대하여 다음 연립 일차 합동식은 법 $m_1 m_2 \cdots m_n$에 관하여 단 한 개의 해를 가진다.

$$\begin{cases} x \equiv c_1 \pmod{m_1} \\ x \equiv c_2 \pmod{m_2} \\ \quad \cdots\cdots \\ x \equiv c_n \pmod{m_n} \end{cases}$$

증명 우선 $M = m_1 m_2 \cdots m_m$이고 $M_i = \dfrac{M}{m_i} = m_1 \cdots m_{i-1} m_{i+1} \cdots m_n$ $(1 \leq i \leq n)$이라고 놓으면, $i \neq j$일 때, $(m_i,\ m_j) = 1$이므로 $(M_i,\ m_i) = 1$이고 따라서 $M_i N_i \equiv 1 \pmod{m_i}$ $(1 \leq i \leq n)$인 정수 N_i가 있다. 이제 $u = M_1 N_1 c_1 + M_2 N_2 c_2 + \cdots + M_n N_n c_n$이라고 놓으면 $i \neq j$일 때

4) 이 정리가 최초로 언급된 문헌이 중국의 수학책이다.

$$M_j = m_1 \cdots m_{j-1} m_{j+1} \cdots m_n \equiv 0 \pmod{m_i}$$

이므로 $u \equiv M_i N_i c_i \equiv c_i \pmod{m_i}$ $(1 \leq i \leq n)$이고 따라서 주어진 연립합동식은 다음과 같은 꼴로 고쳐 쓸 수 있다.

$$\begin{cases} x \equiv u \pmod{m_1} \\ x \equiv u \pmod{m_2} \\ \quad \cdots\cdots \\ x \equiv u \pmod{m_n} \end{cases}$$

그러므로 주어진 연립일차합동식은 한 개의 해 $x \equiv u \pmod{m_1 m_2 \cdots m_n}$를 가진다. 이 해가 유일함은 쉽게 증명할 수 있다. ■

과제 3.57 가. 위의 증명 과정을 하나하나 살피면서 다음 연립합동식을 풀어라.

$$\begin{cases} x \equiv 1 \pmod{2} \\ x \equiv 2 \pmod{3} \\ x \equiv 4 \pmod{5} \end{cases}$$

나. 다음 연립 합동식을 다음 여러 가지 방법으로 풀어라.

$$\begin{cases} x \equiv 1 \pmod{2} \\ x \equiv 2 \pmod{3} \\ x \equiv 4 \pmod{5} \end{cases}$$

(1) 중국인의 나머지 정리를 이용한다.

(2) 이 경우에는 법이 30이므로 29부터 0까지의 수를 하나씩 대입한다.

(3) 주어진 세 개의 합동식으로부터 29부터 0까지의 수 중에서 다음 세 가지 조건을 만족시키는 수를 구한다.

(가) 홀수이다.

(나) $3k+2$의 꼴이다.

(다) $5k+4$의 꼴이다.

다. 아래 절차에 따라 다음 연립합동식을 풀어라.

$$\begin{cases} 8x \equiv 4 \pmod{14} \\ 5x \equiv 3 \pmod{11} \end{cases}$$

(1) 먼저 처음 합동식은 두 개의 해를 가짐에 주목하고 그 두 해를 구한다. 이 때 유클리드 알고리즘을 사용할 수 있고, 법이 크지 않음으로 수를 직접 대입하여 구할 수 있다.

(2) 두 번째 합동식의 유일한 해를 구한다. 이 때에도 유클리드 알고리즘을 사용할 수 있고, 법이 크지 않음으로 수를 직접 대입하여 구할 수 있다.

(3) 위의 결과로부터 두 쌍의 연립 합동식을 얻는다.

(4) 중국인의 나머지 정리를 이용하여 각각의 연립 합동식을 푼다.

학교 수학에서의 정수론

정수론적 개념은 학교 수학과 직접적인 관계가 있다. 예를 들어, 초등학교에서 분수의 계산을 할 때 공약수나 공배수의 개념이 사용된다.

과제 3.58 가. $\frac{3}{4}+\frac{7}{9}$을 계산하는데 사용되는 여러 가지 계산

의 원리를 공배수, 최소공배수, 공약수, 최대공약수, 소수, 수인수분해의 측면에서 알아보아라.

나. 합동식의 실생활 활용에 관하여 조사하여라.

(1) 한 초등학교에서 35명으로 다섯 모둠으로 나누어 모둠 학습을 하고자 한다. 물론 여러 가지 사항이 고려되어야 하지만 수학적으로 간단하게 나눈다면 어떻게 나누겠는가?

(2) 모듈 산술 중에서 우리의 생활과 아주 밀접한 것은 시계 산술이라 할 수 있다. 시계나 달력을 활용하여 이에 관하여 조사하여라.

다. 수의 표현 방법으로서의 진법에 대하여 알아보아라.

(1) 십진법의 원리를 설명하여라.

(2) 이진법의 원리를 설명하여라.

(3) 어떤 학생이 $34>4$이기 때문에 $2.34>2.4$라고 생각한다면 어떻게 지도하여야 하나?

라. 다음 예를 통하여 대수적 표현의 유용성을 설명하여라: '구구단의 9단에서는 두 자리수의 합은 9이다.' 이 문제를 다음과 같이 표현하여 풀 수 있다.

자연수 n이 $1 \le n \le 10$이며, $9\times n=a\times 10+b$, $0 \le a$, $b \le 9$라고 할 때, $a+b=9$이다.

마. '최소공약수'와 '최대공배수'는 왜 정의하지 않는지 논의하여라.

바. 덧셈과 곱셈으로부터 뺄셈과 나눗셈을 정의하여 보자.

사. 초등학교 수학 내용 중에서 정수론적 개념을 조사하여라.

실생활에서의 정수론

정보화 사회에서 정보의 보호는 중요한 문제이다. 응용대수학으로서 암호학은 이에 관한 학문이라고 할 수 있다.

암호학에서 소수는 특히 중요한 역할을 한다. 주어진 자연수가 소수인지를 판정할 때, 보통은 소인수분해를 이용한다. 양의 정수 n이 합성수이면, n은 $\sqrt{n}$ 보다 작거나 같은 약수를 가진다. 그러나 이 원리를 이용하여 소인수분해하는 알고리즘은 다항식 시간 알고리즘보다 훨씬 복잡도가 커서 현실적으로 활용할 수 없다. 실제로, 일반적인 소인수 분해는 수퍼컴퓨터를 사용하더라도 실현가능하지 않다(infeasible). 그러나 주어진 자연수가 소수인지 아닌지를 판정하는 계산(primality test)은 실현가능하다(feasible).

★과제 3.59 '자료 : 확률론적 정당화'를 참고하여 위 사실을 확인하여라.

두 수의 곱은 쉽게 할 수 있다는 사실과 위에서 언급한 소수 판정과 소인수분해의 계산상의 특성은 정보보호에 이용된다. 사실, 한 쪽 계산은 용이하지만 반대 쪽 계산이 용이하지 않는 그러한 함수를 일방향 함수(one-way function)라고 한다.

다음 함수 F는 일방향함수이다.

P를 100자리 소수 전체의 집합이라고 하자. 함수 $F : P \times P \rightarrow \mathbb{N}$

를 다음과 같이 정의하자.

$$F(p,\ q) = pq$$

***과제 3.60** '자료 : 대수학과 정보보호'나 신현용(2007b) 등을 참고하여 여러 가지 일방향 함수에 관하여 조사하고, 일방향함수를 이용하여 열쇠분배(key distribution) 방안과 전화로 동전 던지기(coin flipping by telephone) 방안에 대하여 알아보아라.

토의 및 참고 자료

1. 다음에 관하여 토의하여 보자.

1에서 10까지의 한국어(중국어도 마찬가지) 수 이름(number words)은 단음절이다. 영어나 일어의 경우는 그렇지 않다. 우리나라 수 이름의 이러한 특징은 아동들이 구구단을 외우는데 어떠한 도움이 될까?

2. 우리나라 사람과 미국 사람의 다음 차이를 문화적인 측면에서 설명하여 보자.

가. '덧셈 기호(+)'를 쓰는 순서

(1) 우리나라 : 한자 '십(十)'을 쓰는 순서

(2) 미국 : 십자가 '†'를 그리는 순서

나. 분수 읽기

(1) 우리나라 : 분모 먼저

그 결과 '$5 \div 7$'을 '$\frac{7}{5}$'로 쓰는 아동이 상대적으로 많다.

(2) 미국 : 분자 먼저

그 결과 '$5 \div 7$'을 '$\frac{5}{7}$'로 옳게 쓰는 아동이 상대적으로 많다.

다. 문장제

다음을 비교하여라.

(1) 한국어 : 어떤 수에 5배를 한 후 3을 뺀다($x \times 5 - 3$).

(2) 영어 : five times of some number minus three($5 \times x - 3$)

라. 우리나라에서는 큰 수의 표기는 세 자리씩 끊어서 하지만 읽기는 네 자리씩 끊어서 읽는다.

(1) 이로 인한 불편함의 예를 들어보자.

(2) 초등학교에서 큰 수 읽기를 가르칠 때, '천, 만, 억, 조, …'를 '천, 백만, 십억, 조, …'와 같이 가르치면 어떤 문제가 발생할까?

(3) 큰 수의 표기를 동양식으로 네 자리씩 끊어 하면 어떠한 문제가 발생하는가?

3. 요즈음 암호학(정보보호이론) 등 응용수학의 여러 분야에서 전통적인 논증 기법 외에 확률론적 기법이 많이 사용된다. 예를 들어 큰 수의 소수 판정은 일반적으로 확률론적으로 한다. 다음 예와 '자료 : 대수학과 정보보호' 등을 참고하여 확률론적 논증의 예를 이해하여라.

> 명자(증명자)가 가지고 있는 한 주머니 안에 바둑 돌 2개가 들어있다. 직접 만져봄으로 누구나 원하면 그 사실을 확인할 수 있다. 이제 명자는 주머니를 열어 그 내용물을 보여주지 않고 그 안에 있는 돌 두 개는 모두 흰 돌임을 정당화하고자 한다. 먼저 명자는 인자(확인자)에게 주머니 속을 들여다보지 말고 돌 하나를 꺼내서 그 색을 확인하라 한다. 명자의 주장이 사실이라면 그 돌은 흰색이다. 이 때, 명자가 거짓말을 할(주머니 속에 검은 돌이 들어있을) 확률은 $\frac{1}{3}$이다. 이제, 그 돌을 주머니 속에 다시 넣고 흔들고(임의화 하고, randomize), 인자에게 전과 같은 요령을 반복하도록 한다. 이 과정을 20번 반복한다. 명자의 주장이 사실이라면 그 돌들은 모두 흰색이다. 그런데 인자의 입장에서는 명자가 거짓말을 할(주머니 속에 검은 돌이 들어있을) 가능성도 있다고 여기는데, 그 확률은 $\left(\frac{1}{3}\right)^{20}$이 되어 거의 0이다. 이 상황에서 인자는 명자의 주장을 옳은 것으로 받아들일 것이다.

IV

대수적 구조

복 습

1. 수의 덧셈과 곱셈은 연산인가?

2. 최소공배수의 정의를 써라.

3. 부정방정식 $2x+3y=1$을 풀어라.

4. -5를 2로 나누면 나머지가 얼마인가?

5. 0을 2로 나누면 몫과 나머지는 각각 얼마인가?

6. 다음을 증명하여라 : 임의의 a, $b \in \mathbb{Z}$에 대하여 $a\mathbb{Z}+b\mathbb{Z}=d\mathbb{Z}$이다. 여기서 $d=(a, b)$는 a, b의 최대공약수이다.

7. 최대공약수를 구하는 데 유용하게 이용되는 유클리드 알고리즘을 설명하여라.

8. 주어진 자연수가 3의 배수인지 아닌지를 판정하는 방법을 그 이유와 함께 설명하여라.

9. 일차 합동식 $ax \equiv b \pmod{m}$의 해에 관하여 설명하여라.

10. 다음 용어를 사용하여 작문하여라.
   가. 정수 전체의 집합에서, 약수, 배수, 최대공약수, 최소공배수, 소수
   나. 자연수 전체의 집합, 법(modulus) 9, 동치관계, 합동식, 9의 배수 판정

목 표

군, 환, 벡터 공간 등의 대수적 구조와 간단한 성질을 알고 학교수학과의 관계를 이해한다.

내 용

이 장에서는 앞에서 배운 집합론, 정수론, 선형대수 등을 기반으로 하여 수학(대수학)의 일반화와 추상화를 꾀하여 대수적 구조를 논한다. 대수적 구조로서는 주로 군, 환, 벡터 공간을 다룬

다. 정수의 집합을 통하여 군과 환의 구조를 도입하고, 좌표 평면을 통하여 벡터 공간의 개념을 도입한다. 군의 경우를 먼저 살피고 환과 벡터 공간의 경우는 과제를 통하여 이해한다. 특히, 벡터 공간에 대해서는 앞에서 어느 정도 언급하였으므로 간단히 다룬다.

시간의 제약 때문에 현대 대수학 부분은 충분히 다루기 어려울 것이다. 결국 상당히 많은 부분은 참고 자료로 제시하게 될 것이다. 다만, 대수적 구조의 정의와 예, 그리고 준동형 사상(선형 사상)을 중심으로 대수적 구조의 추상적 이해 확실히 이해하도록 한다. 이 때, 친숙한 예를 다양하게 제시한다.

이 장에서 논의하는 구체적인 문제는 다음과 같다.

- 대수적 구조란 무엇이며 어떠한 것들이 있는가?
- 대수적 구조의 응용의 예는 무엇인가?
- 학교수학에서 대수적 구조는 어떻게 활용되는가?

대수적 구조

대수학에서는 주어진 집합과 거기에 정의된 연산에 관한 여러 가지 성질에 관심을 가진다. 이와 같이 연산에 관한 구조를 보통 대수적 구조(algebraic structure)라고 한다. 대수적 구조에 관하여 다음의 예는 중요하다.

가. 정수 전체의 집합 $\mathbb{Z}$에는 덧셈이 잘 정의된다. 이 경우 $\mathbb{Z}$는 '군(group)'이라고 불리는 대수적 구조의 모형이 된다.

나. 정수 전체의 집합 $\mathbb{Z}$에는 덧셈과 곱셈이 잘 정의된다. 이 경우 $\mathbb{Z}$는 '환(ring)'이라고 불리는 대수적 구조의 모형이 된다.

다. 좌표평면 $\mathbb{R}^2$에는 벡터의 합과 스칼라 배가 잘 정의된다. 이 경우 $\mathbb{R}^2$는 '벡터공간(vector space)'이라고 불리는 대수적 구조의 모형이 된다.

이 장에서는 위 세 가지 대수적 구조를 일반화하고 추상화하여 그에 관한 기본적인 성질을 살핀다.

군의 정의

정수 전체의 집합 $\mathbb{Z}$에서 덧셈 연산을 생각하여 보자. 우선 덧셈에 관하여 결합법칙이 성립하고, 덧셈에 관한 항등원이 있다. 또, 모든 정수는 덧셈에 관한 역원을 가진다.

이러한 구조를 일반화하여 다음과 같은 정의를 생각한다.

≪**정의 4.1**≫ G가 집합이고, $\cdot$는 G에 정의된 연산이라고 하자.
$(G, \cdot)$가 다음 조건을 만족시킬 때 $(G, \cdot)$는 군(group)이라고 한다.
가. 임의의 $x, y, z \in G$에 대하여 $(x \cdot y) \cdot z = x \cdot (y \cdot z)$이다.
나. 모든 $x \in G$에 대하여 $x \cdot e = e \cdot x = x$인 $e \in G$가 존재한다.
다. 각각의 $x \in G$에 대하여 $x \cdot x' = x' \cdot x = e$인 $x' \in G$가 각각 존재한다.

즉, 집합 G에 정의된 연산 ·에 관하여 결합법칙이 성립하고 항등원이 있으며 모든 원소의 역원이 있으면 군이다.

위 '나'에서의 e는 특정한 x에 따라 정해지는 것이 아니지만 '다'에서의 x'은 x에 따라 다르다.

> **≪정의 4.2≫** 군 $(G, \cdot)$가 다음 조건을 추가로 만족시킬 때 $(G, \cdot)$는 가환군(abelian group)이라고 한다.
> 라. 임의의 $x, y \in G$에 대하여 $x \cdot y = y \cdot x$이다.

즉, 교환법칙이 성립하는 군이 가환군이다. 한편, 원소의 개수가 유한인 군을 유한군(finite group)이라고 하고 유한군이 아닌 군을 무한군(infinite group)이라고 한다. 유한군의 원소의 개수를 그 군의 위수(order)라고 한다.

환의 정의

정수 전체의 집합 $\mathbb{Z}$에서 덧셈과 곱셈을 생각하여 보자. 앞에서 살펴 본 바와 같이 $(\mathbb{Z}, +)$은 가환군을 이룬다. 한편, 곱셈에 관하여 결합법칙이 성립하고 덧셈에 관한 곱셈의 분배법칙이 성립한다.

이러한 구조를 일반화하여 다음과 같은 정의를 생각한다.

≪**정의 4.3**≫ 집합 R에 두 개의 연산 $+$, $\cdot$가 정의되어 있고, 다음 조건을 만족시킬 때 $(R, +, \cdot)$(또는 간단히 R)를 환(ring)이라고 한다.

가. $(R, +)$는 가환군이다.

나. 연산 $\cdot$에 관한 결합법칙이 성립한다. 즉,
  임의의 $x, y, z \in R$에 대하여 $x \cdot (y \cdot z) = (x \cdot y) \cdot z$이다.

다. $+$에 관한 $\cdot$의 분배법칙이 성립한다. 즉, 임의의 $x, y, z \in R$에 대하여 $(x+y) \cdot z = (x \cdot z) + (y \cdot z)$이고 $x \cdot (y+z) = (x \cdot y) + (x \cdot z)$이다.

편의상 환 R의 두 개의 연산 $+$, $\cdot$을 각각 덧셈, 곱셈이라고 하고, 환 R의 덧셈에 관한 항등원을 영원(zero element)이라고 하며 0으로 표시한다.

환을 나타낼 때, 곱셈 연산이 무엇인지 분명하고 혼란의 여지가 없을 때에는 곱셈 연산 기호를 생략하여 $a \cdot b$를 ab로 나타낼 수 있다. 그러나 덧셈 연산 기호 $+$는 생략하지 않는다.

환 R가 곱셈에 관한 항등원(보통 1로 나타낸다)을 가질 때 R를 '단위원을 가지는 환(ring with identity)'이라고 한다. 또, 환 R에서 곱셈에 관하여 교환법칙이 성립하면 R를 가환환(commutative ring)이라 하고, 교환법칙이 성립하지 않으면 비가환환(non-commutative ring)[1]이라고 한다. 한편, 환 R의 원소의 개수

1) 환에서는 가환환(비가환환)을 'abelian ring'('non-abelian ring')이라고 하지 않는다.

가 유한일 때 이 환을 유한환(finite ring)이라 하며 유한환이 아닌 환을 무한환(infinite ring)이라 한다. 유한환의 원소의 개수를 그 환의 위수(order)라고 한다.

> **≪정의 4.4≫** 가. 단위원을 가지는 가환환으로서 다음 조건을 만족시키는 환 R를 정역(integral domain)이라고 한다.
> 임의의 $x, y \in R$에 대하여 $xy=0$이면 $x=0$ 또는 $y=0$이다.
>
> 나. 단위원을 가지는 환으로서 0이 아닌 모든 원소의 곱셈에 관한 역원이 있을 때 그 환을 나눗셈환(division ring)이라고 한다.
>
> 다. 곱셈에 관하여 교환법칙이 성립하는 나눗셈 환을 체(field)라고 한다.

환 R의 0이 아닌 두 원소 x, y에 대하여 $xy=0$이면 x, y를 영인자(zero divisor)라고 한다. 결국, 정역은 영인자가 없는 단위원을 가지는 가환환이다.

과제 4.5 가. 다음을 확인하여라.

(1) $\mathbb{Z}_6=\{0, 1, 2, 3, 4, 5\}$에서 2, 3, 그리고 4는 영인자이다.

(2) 실수 성분을 가지는 2×2 행렬 전체의 집합 $\mathrm{Mat}_2(\mathbb{R})$은 행렬의 덧셈과 곱셈에 관하여 환이 됨을 쉽게 알 수 있다. $\mathrm{Mat}_2(\mathbb{R})$의 두 원소 $\begin{bmatrix}1 & 0\\0 & 0\end{bmatrix}$과 $\begin{bmatrix}0 & 0\\0 & 1\end{bmatrix}$은 모두

영인자이다.

(3) 중학교에서 '이차방정식 $x^2-3x+2=(x-2)(x-1)=0$의 해는 $x=2$ 또는 1'이라고 할 수 있는 것은 실수환 $\mathbb{R}$에는 영인자가 없기 때문이다.

(4) 이차방정식 $x^2-3x+2=(x-2)(x-1)=0$의 해를 $\mathbb{Z}_6=\{0, 1, 2, 3, 4, 5\}$에서 구하면 $x=1, 2, 4, 5$와 같이 네 개 있다.

나. 임의의 세 명제 p, q, r에 대하여 두 합성 명제 $p \to (q \vee r)$와 $p \wedge \sim q \to r$는 동치이다. 이 사실을 이용하여 실수환 $\mathbb{R}$는 정역이고, 임의의 체는 정역임을 설명하여라.

환에서 영원 0과 영인자는 곱셈에 관한 역원을 가질 수 없음을 뒤(과제 4.22)에서 알게 된다.

벡터공간의 정의

다음 좌표 평면에 대하여 알아보자.

$$V=\mathbb{R}^2=\mathbb{R}\times\mathbb{R}=\{(x, y)\mid x, y\in\mathbb{R}\}$$

먼저, 다음과 같은 덧셈 연산 +가 잘 정의된다. 즉, 집합 $\mathbb{R}^2$은 연산 +에 관하여 닫혀있다.

$$(x_1, y_1)+(x_2, y_2)=(x_1+x_2, y_1+y_2)$$

과제 4.6 집합 $\mathbb{R}^2$에서 위에서 정의한 연산 $+$에 관하여 다음을 확인하여라.

(1) 결합(associative)법칙이 성립한다. 즉,

$\forall X,\ Y,\ Z \in \mathbb{R}^2,\ (X+Y)+Z=X+(Y+Z).$

(2) 교환(commutative)법칙이 성립한다. 즉,

$\forall X,\ Y \in \mathbb{R}^2,\ X+Y=Y+X.$

(3) 덧셈에 관한 항등원(identity) $O=(0,\ 0)$이 있다. 즉,

$\exists O \in \mathbb{R}^2\ ;\ X+O=O+X=X, \forall X \in \mathbb{R}^2.$

(4) 임의의 원소 $X=(x,\ y)$의 역원(inverse) $-X=(-x,\ -y)$가 있다. 즉,

$\forall X \in \mathbb{R}^2,\ \exists -X \in \mathbb{R}^2\ ; X+(-X)=(-X)+X=O.$

따라서 집합 $\mathbb{R}^2$은 연산 $+$에 관하여 가환군이다.

이제, 집합 $\mathbb{R}^2$에 스칼라 배를 다음과 같이 잘 정의한다.

$$\lambda \in \mathbb{R},\ (x,\ y) \in \mathbb{R}^2 \text{일 때 } \lambda(x,\ y)=(\lambda x,\ \lambda y)$$

과제 4.7 다음을 확인하여라.

$\mathbb{R}^2$의 원소를 X, Y, 스칼라를 λ, μ라고 할 때 다음이 성립한다.

(5) $(\lambda+\mu)X=\lambda X+\mu X$

(6) $\lambda(X+Y)=\lambda X+\lambda Y$

(7) $\mu(\lambda X)=(\mu\lambda)X$

(8) $1X=X$

집합 $\mathbb{R}^2$는 덧셈과 스칼라 배가 잘 정의되며 위와 같은 성질 (1)에서 (8)까지의 조건을 만족시킨다. 이런 의미에서 집합 $\mathbb{R}^2$는 벡터 공간이라고 한다.

사실, 좌표평면 $\mathbb{R}^2$이나 좌표공간 $\mathbb{R}^3$이 벡터공간의 대표적인 예가 된다. 즉, 이들 집합은 덧셈에 관하여 가환군의 구조를 가지고 스칼라 배가 잘 정의된다.

일반적으로 벡터공간의 정의는 다음과 같다.

덧셈[2)]과 스칼라 배가 정의된 집합 V가 다음 조건을 만족시킬 때, V를 실수체 $\mathbb{R}$ 위에서의 벡터공간이라고 한다.

(1) $(V, +)$: 가환 군

(2) 임의의 $\lambda, \mu \in \mathbb{R}$와 임의의 $x \in V$에 대하여 $(\lambda+\mu)x=\lambda x+\mu x$이다.

(3) 임의의 $\lambda \in \mathbb{R}$와 임의의 $x, y \in V$에 대하여 $\lambda(x+y)=\lambda x+\lambda y$이다.

(4) 임의의 $\lambda, \mu \in \mathbb{R}$와 임의의 $x \in V$에 대하여 $\lambda(\mu x)=(\lambda\mu)x$이다.

(5) 임의의 $x \in V$에 대하여 $1x=x$이다.

과제 4.8 일반적으로 스칼라 배는 왜 연산이라고 할 수 없는지 설명하여라.

---

2) 벡터공간에서 덧셈을 일반적으로 벡터의 '합성'이라고 한다.

군의 예

군의 예는 무한가환군, 무한비가환군, 유한가환군, 유한비가환군 등 네 종류를 생각할 수 있다.

가. 무한가환군

무한가환군의 여러 예는 이미 우리에게 친숙하다. 다음을 들 수 있다.

- $\mathbb{Z}$: 정수 전체의 집합과 덧셈
- $\mathbb{R}^2$: 좌표 평면 위의 모든 점과 그 순서쌍의 덧셈
- $\mathrm{Mat}_2(\mathbb{R})$: 실수 성분의 2×2행렬 전체의 집합과 행렬 덧셈
- $\mathbb{Q}[x]$: 유리계수 다항식 전체의 집합과 다항식의 덧셈

★과제 4.9 신현용(2007c)을 참고하여 다음을 확인하여라.

행렬 $\begin{bmatrix} a & b \\ c & d \end{bmatrix} \in \mathrm{Mat}_2(\mathbb{R})$에서 실수 $ad-bc$는 이 행렬의 행렬식[3]이다. $\mathrm{Mat}_2(\mathbb{R})$에서 행렬식이 0이 아닌 행렬 전체의 집합 $\mathrm{GL}_2(\mathbb{R}) = \left\{ \begin{bmatrix} a & b \\ c & d \end{bmatrix} \mid a,\ b,\ c,\ d \in \mathbb{R},\ ad-bc \neq 0 \right\}$은 행렬 곱셈에 관하여 무한 비가환군을 이룬다. 이 군을 일반선형군(general linear group)이라고 한다.

나. 유한가환군

유한 가환군의 예로서 동치류 집합 $\mathbb{Z}_n$과 덧셈 연산을 생각하

3) 이에 관하여 뒤(제Ⅵ장 토의 및 참고 자료)에서 다시 논의한다.

면 된다.

과제 4.10 정수론에서 살펴본 다음 사항을 조사하여라.

(1) 집합 $\mathbb{Z}_n$의 구성과 $\mathbb{Z}_n$에 정의된 연산

(가) 집합 $\mathbb{Z}$에서의 법(modulus) n에 의한 동치관계

(나) 그 동치관계에 의한 분할

(다) $\mathbb{Z}_n$에 정의된 덧셈 연산과 곱셈 연산

(2) $\mathbb{Z}_n$은 덧셈에 관하여 위수가 n인 유한가환군임을 설명하여라.

다. 유한비가환군

비가환 연산의 대표적인 예는 함수의 합성과 행렬의 곱이다. 사실, 행렬도 함수를 나타내므로 함수의 합성이 비가환 연산의 대표적인 예라고 할 수 있다. 비가환군의 예를 찾기 위하여 함수(변환)의 합성을 생각하는 것은 자연스럽다.

집합 $X=\{1, 2, 3, \cdots, n\}$ 위에서의 치환(일대일 대응) 전체의 집합

$$S_n=\{f \mid f: X \to X\text{는 치환}\}$$

을 생각하고 이 집합에서 함수의 합성 연산을 생각하면 위수가 $n!$인 비가환유한군을 얻을 수 있다. 이러한 군을 보통 대칭군(symmetric group)이라고 부르고, S_n으로 나타낸다.

한 예로서 S_3에 대하여 알아보자.

먼저, $\sigma(1)=2$, $\sigma(2)=3$, $\sigma(3)=1$인 치환 σ를 (123)와 같이 나타낼 수 있다. 여섯 개의 치환 모두를 이와 같은 방법으로 나타내면 다음과 같다.

$$S_3=\{1, (12), (13), (23), (123), (132)\}$$

여기서 1은 항등치환을 나타낸다.

연산(치환의 합성)은 관례에 따라 오른쪽 치환에 왼쪽 치환을 합성하는 것으로 한다. 예를 들어, $(13)(23)=(132)$이다.

과제 4.11 (1) S_3의 연산표를 만들어라.

(2) S_3은 위수가 6인 비가환군이다.

(3) S_3를 다음과 같이 얻을 수 있음을 확인하여라.

정 3각형을 좌표 공간 $\mathbb{R}^3$에서 그 자신에 겹치도록 하는 합동변환은 3개의 회전(rotation)과 3개의 반사(reflection)로 이루어진다. 이 6개의 합동변환으로 이루어진 집합에 변환의 합성 연산을 생각하면 S_3를 얻는다.

환의 예

환의 예도 무한가환환, 무한비가환환, 유한가환환, 그리고 유한비가환환 등 네 종류를 생각할 수 있다.

가. 무한 가환환

(1) 정수 전체의 집합, 유리수 전체의 집합, 실수 전체의 집합 및 복소수 전체의 집합을 각각 $\mathbb{Z}$, $\mathbb{Q}$, $\mathbb{R}$ 및 $\mathbb{C}$ 라고 하자. 우리가 보통 사용하는 수의 덧셈 및 곱셈에 대하여 위의 모두는 단위원을 가지는 무한 가환환이다.

(2) 집합 $\mathbb{Q}(\sqrt{2})=\{a+b\sqrt{2} \mid a, b\in \mathbb{Q}\}$에는 덧셈과 곱셈이 잘 정의된다. 먼저 $\mathbb{Q}(\sqrt{2})$는 덧셈에 관하여 가환군이다. 즉, 다음이 성립한다.

(가) 결합법칙이 성립한다.

(나) 영원 $0=0+0\sqrt{2}$가 있다.

(다) $a+b\sqrt{2}$의 역원은 $(-a)+(-b)\sqrt{2}$이다.

(라) 교환법칙이 성립한다.

또, $\mathbb{Q}(\sqrt{2})$은 곱셈에 관하여 다음이 성립한다.

(가) 결합법칙이 성립한다.

(나) 단위원 $1=1+0\sqrt{2}$가 있다.

(다) 교환법칙이 성립한다.

한편, $\mathbb{Q}(\sqrt{2})$에서 덧셈에 대한 곱셈의 분배법칙이 성립한다. 따라서 $\mathbb{Q}(\sqrt{2})$는 단위원을 가지는 가환환이다.

과제 4.12 (가) $\mathbb{Q}(\sqrt{2})$는 체가 됨을 설명하여라.

(나) 위에서 $\mathbb{Q}(\sqrt{2})$가 체임을 설명하는 과정에서 고등학교에서 배운 '분모의 유리화'는 어떠한 역할을 하는지 살펴보아라. 사실, 0이 아닌 원

소의 곱셈에 관한 역원을 구하는 과정을 '분모의 유리화'라고 한다.

(다) 복소수 전체의 집합 $\mathbb{C}$는 체가 된다. 특히, 0이 아닌 임의의 복소수는 곱셈에 관한 역원을 가진다. 여기서 곱셈에 관한 역원을 구하는 과정을 '분모의 실수화'라고 한다.

(3) 다음은 모두 단위원을 가지는 무한 가환환이다.

(가) 유리계수 다항식 환 $\mathbb{Q}[x]$

(나) 실계수 다항식 환 $\mathbb{R}[x]$

(다) $F_2(=\{0, 1\})$ 계수 다항식 환 $F_2[x]$

나. 무한 비가환환

실수를 성분으로 갖는 2×2 행렬 전체의 집합을 $\text{Mat}_2(\mathbb{R})$ 즉,

$$\text{Mat}_2(\mathbb{R})=\left\{\begin{bmatrix} a & b \\ c & d \end{bmatrix} \middle| \, a, b, c, d \in \mathbb{R}\right\}$$

이라 하고 $\text{Mat}_2(\mathbb{R})$에 통상적인 행렬의 덧셈과 곱셈을 생각하면 $(\text{Mat}_2(\mathbb{R}), +, \cdot)$는 단위원 $\begin{bmatrix} 1 & 0 \\ 0 & 1 \end{bmatrix}$을 갖는 무한 비가환환이다.

과제 4.13 $\text{Mat}_2(\mathbb{R})$에서 $AB \neq BA$인 두 행렬 $A, B \in \text{Mat}_2(\mathbb{R})$를 제시하여라.

일반적으로 $n\times n$ 행렬 전체의 집합

$$\mathrm{Mat}_n(\mathbb{R})=\left\{\begin{bmatrix} a_{11} & \cdots & a_{1n} \\ \vdots & & \vdots \\ a_{n1} & \cdots & a_{nn} \end{bmatrix} \middle| \; a_{ij}\in\mathbb{R},\ i,\ j=1,\ 2,\ \cdots,\ n\right\}$$

에 행렬의 덧셈과 곱셈을 생각하면 $(\mathrm{Mat}_n(\mathbb{R}),\ +,\ \cdot)$도 역시 단위원을 가지는 무한 비가환환이 된다.

다. 유한 가환환

앞의 제Ⅲ장(정수론과 그 응용)에서 살펴본 $\mathbb{Z}_n$는 유한 가환환의 대표적인 예가 된다.

과제 4.14 다음을 설명하여라.

(1) 가환군 $(R,\ +)$에 속하는 임의의 두 원소 x, y에 대하여 $x \cdot y=0$이라고 정의하면 $(R,\ +,\ \cdot)$는 가환환이다.

(2) 집합 $\mathbb{Z}_n$에서 덧셈은 환 $\mathbb{Z}_n$의 덧셈과 같이 정의하고 곱셈은 위 (1)에서와 같이 정의하면 환 $\mathbb{Z}_n$와는 다른 환을 얻는다.

(3) 임의의 자연수 n, $n\geq 2$에 대하여 위수가 n인 가환환은 적어도 두 개 있다.

라. 유한 비가환환

유한체 $\mathbb{Z}_2$ 위에서의 2×2행렬 전체의 집합 $\mathrm{Mat}_2(F_2)$은 행렬의 덧셈 연산과 곱셈 연산에 관하여 유한 비가환환이 된다.

과제 4.15 $\mathrm{Mat}_2(\mathbb{Z}_2)$의 위수는 얼마인가?

마. 체

체는 대수적으로 중요한 구조이다. 특히 곱셈의 가환성과 영원 이외 원소가 곱셈에 관한 역원을 가짐으로 여러 측면에서 편리하다.

과제 4.16 (1) 다음을 확인하여라.

(가) 초/중등학교에서 다루는 수의 집합 $\mathbb{Q}$, $\mathbb{R}$, $\mathbb{C}$은 모두 수의 덧셈과 곱셈에 관하여 체이다.

(나) 다음 세 명제는 모두 동치임을 설명하여라.

- n이 소수이다.
- $\mathbb{Z}_n$이 정역이다.
- $\mathbb{Z}_n$이 체이다.

(2) 다음을 설명하여라.

(가) 체는 나눗셈환이다.

(나) 가환인 나눗셈환은 체이다.

(다) 체는 정역이다.

(라) 0이 아닌 모든 원소에 대하여 역원이 존재하는 정역은 체이다.

*(3) 신현용(2006)을 참고하여 다음을 확인하여라.

(가) $\mathbb{Z}$은 정역이지만 체가 아니다.

(나) 나눗셈환이지만 체가 아닌 환이 존재한다.

(다) 유한 정역은 체이다.

(라) 유한 나눗셈환은 체이다.

벡터공간의 예

잘 알려진 집합 중에서 벡터공간의 대표적인 예는 유클리드 좌표공간 $\mathbb{R}^n$, $n \in \mathbb{N}$과 행렬 공간 $\mathrm{Mat}_n(\mathbb{R})(\equiv \mathrm{Mat}_{n \times n}(\mathbb{R}))$이다.

과제 4.17 위 벡터공간 각각의 경우 스칼라배가 무엇인지 설명하여라.

군의 기본 성질

집합에 정의된 연산에 관하여 항등원이 있으면 유일하다는 것과 어떤 원소의 역원이 있으면 그 역원도 유일하다는 것을 앞에서 살펴보았다.

다음 정리는 자주 이용된다. 특히, '다' 와 '라'는 소거법칙이라고 할 수 있는데 방정식의 풀이 과정에서 중요한 역할을 한다.

≪정리 4.18≫ 군 G에 대하여 다음이 성립한다.

가. 임의의 $a \in G$에 대하여, $(a^{-1})^{-1} = a$이다.

나. 임의의 $a, b \in G$에 대하여, $(ab)^{-1} = b^{-1}a^{-1}$이다.

다. 임의의 $a, b, c \in G$에 대하여 다음이 성립한다.

$$ab = ac \Rightarrow b = c, \quad ba = ca \Rightarrow b = c$$

라. 임의의 $a, b \in G$에 대하여 방정식 $ax = b$와 $ya = b$는 각각 $x = a^{-1}b$, $y = ba^{-1}$인 유일한 해를 가진다.

증명 가. $a^{-1}a=aa^{-1}=e$이므로 역원의 정의에 의하여 a^{-1}의 역원은 a이다. 즉, $(a^{-1})^{-1}=a$이다.

나. 우선 $(ab)(b^{-1}a^{-1})=a(bb^{-1})a^{-1}=aa^{-1}=e$임을 알 수 있다. 같은 방법으로 $(b^{-1}a^{-1})(ab)=e$이다. 따라서 ab의 역원은 $b^{-1}a^{-1}$이다. 즉, $(ab)^{-1}=b^{-1}a^{-1}$이다.

다. $a\in G$의 역원 $a^{-1}\in G$가 존재하므로 다음이 성립한다.

$$ab=ac \Rightarrow a^{-1}ab=a^{-1}ac \Rightarrow b=c$$
$$ba=ca \Rightarrow baa^{-1}=caa^{-1} \Rightarrow b=c$$

라. $a\in G$의 역원 $a^{-1}\in G$가 존재하므로 다음이 성립한다.

$$ax=b \Rightarrow a^{-1}ax=a^{-1}b$$

따라서 방정식 $ax=b$는 $x=a^{-1}b$인 유일한 해를 가진다. 마찬가지로 방정식 $ya=b$는 $y=ba^{-1}$인 유일한 해를 가진다. ■

과제 4.19 위 증명에서 역원의 유일성이 어떠한 역할을 하는지 설명하여라.

≪정리 4.20≫ 군 G에 대하여 다음이 성립한다.

가. G가 가환군이기 위한 필요충분조건은 임의의 a, $b\in G$에 대하여 $(ab)^{-1}=a^{-1}b^{-1}$인 것이다.

나. 임의의 $x\in G$에 대하여 $x^2=e$이면 G는 가환군이다.

증명 가. G가 가환군이면 $(ab)^{-1}=b^{-1}a^{-1}=a^{-1}b^{-1}$이다. 이제, 임의의 $a, b \in G$에 대하여 $(ab)^{-1}=a^{-1}b^{-1}$라고 가정하면 $a^{-1}, b^{-1} \in G$에 대해서도 성립하므로 $(a^{-1}b^{-1})^{-1}=(a^{-1})^{-1}(b^{-1})^{-1}$가 성립한다. 따라서 임의의 $a, b \in G$에 대하여 다음이 성립한다.

$$ba=(b^{-1})^{-1}(a^{-1})^{-1}=(a^{-1}b^{-1})^{-1}=(a^{-1})^{-1}(b^{-1})^{-1}=ab.$$

따라서 G는 가환군이다.

나. $xx=e$이므로 $x^{-1}(xx)=x^{-1}$. 즉, $x=x^{-1}$. 따라서 임의의 $x \in G$에 대해서 $x=x^{-1}$이다. 이제 임의의 $a, b \in G$에 대하여 $ab=(ab)^{-1}=b^{-1}a^{-1}=ba$. 따라서 G는 가환군이다. ■

위 정리 '나'의 역은 성립하지 않는다. 가환군 $\mathbb{Z}_3$는 한 반례가 된다.

환의 기본 성질

실수에서 0에 어떤 수를 곱해도 0이고, 음수와 음수를 곱하면 양수이며, 양수에 음수를 곱하면 음수이다. 이러한 성질은 일반적인 환의 경우에 다음과 같이 일반화된다.

≪정리 4.21≫ $(R, +, \cdot)$을 환이라 할 때, 임의의 $x, y \in R$에 대하여 다음이 성립한다.

가. $x \cdot 0=0 \cdot x=0$

나. $x \cdot (-y)=(-x) \cdot y=-(x \cdot y)$

다. $(-x) \cdot (-y)=x \cdot y$

증명 가. $0+0=0$ 이므로 분배법칙에 의하여

$$x \cdot 0 = x \cdot (0+0) = x \cdot 0 + x \cdot 0$$

한편, $(R, +)$는 군이므로 임의의 $a \in R$에 대하여 $a+a=a$ 이면 양변에 a의 덧셈에 관한 역원을 연산함으로써 $a=0$이다. 따라서 $x \cdot 0 = 0$이고, 같은 방법으로 $0 \cdot x = 0$임을 알 수 있다.

나. 분배법칙과 위의 '가'에 의하여

$$x \cdot y + x \cdot (-y) = x \cdot (y + (-y)) = x \cdot 0 = 0$$

따라서 $x \cdot (-y)$의 덧셈에 관한 역원은 $x \cdot y$이다. 즉, $x \cdot (-y) = -(x \cdot y)$. 같은 방법으로 $(-x) \cdot y = -(x \cdot y)$이다.

다. 위의 '나'에 의하여

$$(-x) \cdot (-y) = -((-x) \cdot y) = -(-(x \cdot y))$$

한편, $(R, +)$는 군이므로 정리 4.18 가에 의하여 임의의 $a \in R$에 대하여 $-(-a) = a$이다. 따라서 $-(-(x \cdot y)) = x \cdot y$ 이고 $(-x) \cdot (-y) = x \cdot y$이다. ■

과제 4.22 가. 환의 덧셈에 관한 항등원 0은 곱셈에 관한 역원을 가질 수 없음을 설명하여라.

나. 환에서 영인자는 곱셈에 관한 역원을 가질 수 없음을 설명하여라.

다. 위 '가'의 성질에 근거하여 나눗셈환이나 체의 정의에서 '0이 아닌 모든 원소의 곱셈에 관한 역원이 있을 때'의 당위성을 설명하여라.

벡터공간에 대해서도 다음과 같은 성질이 성립함을 알 수 있다.

≪정리 4.23≫ V를 벡터공간이라고 할 때 다음을 증명하여라. 여기서 $\mathbf{0} \in V$는 영벡터를 나타낸다.

(1) 임의의 스칼라 k와 $\mathbf{0} \in V$에 대하여, $k\mathbf{0}=\mathbf{0}$이다.

(2) 스칼라 0과 임의의 벡터 $u \in V$에 대하여, $0u=\mathbf{0}$이다.

(3) 어떤 스칼라 k와 어떤 벡터 $u \in V$에 대하여, $ku=\mathbf{0}$이면, $k=0$ 또는 $u=\mathbf{0}$이다.

(4) 임의의 스칼라 k와 임의의 벡터 $u \in V$에 대하여, $(-k)u=k(-u)=-ku$이다. 특히, 임의의 벡터 $u \in V$에 대하여 $(-1)u=-u$는 u의 덧셈에 관한 역원이다.

(5) 임의의 두 벡터 u, $v \in V$에 대하여, $x+u=v$인 벡터 $x \in V$가 단 하나 존재한다. 사실, $x=v-u$와 같이 얻어진다.

증명 (1) 먼저, $\mathbf{0}+\mathbf{0}=\mathbf{0}$이다. 따라서 $k\mathbf{0}=k(\mathbf{0}+\mathbf{0})=k\mathbf{0}+k\mathbf{0}$이다. 이 식의 양변에 $-k\mathbf{0}$을 더하면 $k\mathbf{0}=\mathbf{0}$이다.

(2) 스칼라 0에 대해서 $0+0=0$이므로, 따라서 $0u=(0+0)u=0u+0u$이다. 이 식의 양변에 $-0u$를 더하면 $0u=\mathbf{0}$이다.

(3) $ku=\mathbf{0}$이고 $k \neq 0$라고 가정하면, $k^{-1}k=1$이므로, (1)에 의해서 $u=1u=(k^{-1}k)u=k^{-1}(ku)=k^{-1}\mathbf{0}=\mathbf{0}$이다.

(4) $u+(-u)=\mathbf{0}$이므로 $\mathbf{0}=k(u+(-u))=ku+k(-u)$. $-ku$를 양변에 더하면 $-ku=k(-u)$이다. $k+(-k)=0$이므로, (2)에 의해서 $\mathbf{0}=0u=(k+(-k))u=ku+(-k)u$이다. 이식 양변에 $-ku$를 더하면, $-ku=(-k)u$이다.

(5) (2), (3), (4)에 의해서,

$$(v+(-u))+u=v+((-u)+u)=v+\mathbf{0}=v$$

이다. $x=v+(-u)$라고 두면

$$x+u=(v+(-u))+u=v+((-u)+u)=v$$

이다. 두 벡터 x, y에 대해서, $x+u=v$이고 $y+u=v$이면 $x=-u+(x+u)=-u+v=-u+(y+u)=y$이다. ■

위 정리의 내용을 다음과 같이 쉽게 설명할 수 있다.

- 영벡터는 어떠한 스칼라배를 하여도 영벡터이다.
- 어떠한 벡터라도 0으로 스칼라배하면 영벡터가 된다.
- 어떤 벡터를 어떤 스칼라배를 하여 영벡터를 얻었다면, 그 벡터가 영벡터이든가 그 스칼라가 0이다.
- 어떤 벡터에 -1로 스칼라배하면 그 벡터의 덧셈에 관한 역원이 된다.

학교 수학과 실생활에서의 대수적 구조

대수적 성질과 구조는 학교 수학에서 자주 활용된다.

과제 4.24 가. 정리 4.21에 의하면 임의의 환 $(R, +, \cdot)$과 임의의 $x \in R$에 대하여 $x \cdot 0=0 \cdot x=0$이다. '어떤 수에 0을 곱하면 0이다'를 초등학교 학생에게 직관적으로 설명할 수 있는 방안은 무엇인가?

나. 중학교 과정에서의 일차 방정식 $ax+b=0$, $a \neq 0$의 풀이 과정 모두를 체의 정의와 관련지어 설명하여라.

다. 연산이 정의된 집합에서 그 연산에 관한 항등원이나 역원이 있지 않는다면 수학적으로 어떠한 불편함이 따르는가?

라. 일차 방정식 $x+3+x=2+3$의 풀이 과정을 통하여 다양한

대수적 성질(항등원, 역원, 교환법칙, 결합법칙 등)을 조사하여라.

마. 다음 덧셈 알고리즘을 기존의 알고리즘과 아래의 관점에서 비교하여라.

$$\begin{array}{r} 678 \\ +564 \\ \hline 1100 \\ 130 \\ 12 \\ \hline 1242 \end{array}$$

(1) 자리 값의 이해

(2) 결합법칙

(3) 교환법칙

바. 결합법칙이나 분배법칙을 설명할 때 다음과 같은 각각의 예는 바람직하지 않음을 설명하여라.

(1) $(7+3)+9=7+(3+9)$

(2) $(7+3)\times 9=(7\times 9)+(3\times 9)$

한편, 사다리타기 게임의 방법과 원리를 대칭군 S_n으로 설명할 수 있다. 예를 들어 다섯 명이 하는 사다리타기 게임은 S_5로 설명된다.

⋆과제 4.25 다섯 명이 하는 사다리타기 게임에 관하여 다음 물음에 답하여라.

가. 이 게임은 대칭군 S_5의 다음과 같은 네 개의 호환의 곱으로

나타낼 수 있음을 보이라 : (1 2), (2 3), (3 4), (4 5).

나. 술래가 두 명일 수 없음을 설명하여라.

다. 각 호환의 역원은 자기 자신이므로 게임을 나타내는 호환의 곱의 순서를 역순으로 하면 이 게임의 역함수가 된다. 이 사실을 이용하여 사다리를 거꾸로 타지 않고 술래가 누구인지 알 수 있는 방법을 설명하여라.

토의 및 참고 자료

1. 중학교에서 '(음수) × (음수) = (양수)'라는 사실을 설명하기가 쉽지 않다.
중학교 교실에서는 적용할 수 없지만 정리 4.21을 활용하여 이 사실을 설명하여라.

2. 세로의 길이가 가로의 길이보다 큰 직사각형 모양의 종이에 대한 다음 문제에 관하여 논의하여라.
    가. 종이의 세로를 반$\left(\frac{1}{2}\right)$으로 접으면 원래의 종이와 닮은꼴이 된다고 하자. 원래 종이의 가로와 세로의 비(比, ratio)는 얼마인가?
    나. 종이의 세로를 $\frac{1}{2}$ 지점에서 접으면 원래의 종이와 닮은꼴이 된다고 하자. 원래 종이의 가로와 세로의 비는 얼마인가?
    다. 종이의 세로를 $\frac{1}{n}$(n은 자연수)로 접으면 원래의 종이와 닮은꼴이 된다고 하자. 원래 종이의 가로와 세로의 비는 얼마인가?
    라. 황금비(golden ratio)에 대하여 조사하여라.
    마. 가로와 세로의 비가 황금비인 종이의 세로에서 어느 지점을 접어야 원래의 종이와 닮은꼴이 되는가?

3. 보통 사용하는 인쇄지의 규격을 나타내는 A4, B4, B5 등에 관하여 조사하여라.

*4. 대수적 구조의 응용으로서 대표적인 예는 작도가능성의 문제 해결과 다항식의 풀이에 관한 갈로아 이론이다.

가. 다음 자료를 참고하여 대수적 구조의 응용으로서 작도 가능성에 대하여 대략 알아보아라.

> 대수학적인 문제를 기하학적으로 이해하거나 해석하는 것은 유익하듯이 기하학적인 문제를 대수학적으로 해석하는 것도 중요하다. 일반적으로 '작도'라고 하면 눈금 없는 자와 컴퍼스만을 사용한다. 작도 가능성의 문제는 기하학적인 문제를 대수학적인 방법으로 해결할 수 있는 대표적인 예라고 할 수 있다. 작도가능성 문제의 해결과정을 다음과 같이 요약할 수 있다.

(1) 단위 길이 즉, 1은 주어지므로 작도 가능한 것으로 한다.

(2) 이등분이나 삼등분 등을 $\frac{1}{2}$이나 $\frac{1}{3}$과 같은 수의 작도로 해석하고, 두 직선의 교점이나 직선과 원의 교점의 작도를 연립방정식의 해의 작도로 이해함으로 작도의 문제를 대수적 문제로 변환시킨다.

(3) 모든 유리수가 작도 가능함을 보인다. 이 때, 음수의 작도 가능성은 대수적 구조 측면에서는 중요한 의의가 있지만 특별한 기하학적 의미를 부여할 필요는 없다.

(4) $\sqrt{2}$나 $\sqrt{3}$ 등 작도 가능한 무리수가 있음에 유념하여 작도가능한 수 전체의 집합에 관심을 기울인다.

(5) 유리수 전체의 집합은 체임에 유념하고, 작도가능한 실수 전체의 집합도 체임을 증명한다.

(6) 유리수를 좌표로 가지는 좌표평면에서 작도를 시작하여 직선과 원의 교점을 나타내는 수는 특별한 성질을 만족시

키는 체임을 증명하고 주어진 수가 작도가능하기 위한 필요충분조건을 대수적으로 표현한다. 결론적으로 세 수 $\sqrt{\pi}$, $\sqrt[3]{2}$, 그리고 $\cos 20^\circ$가 작도 가능하지 않다는 것을 증명한다.

나. 다음 자료를 참고하여 갈로아 이론에 관하여 개략적으로 조사하여라.

이차 다항식의 근의 공식은 쉽게 유도할 수 있지만 삼차 다항식과 사차 다항식의 근의 공식은 16세기에 구해졌다. 그런데 오차 다항식 근의 공식은 그 후 거의 300년이 지나도록 구해지지 않았다. 결국 루피니(Ruffini)와 아벨(Abel)은 오차 다항식의 근의 공식이 존재하지 않음을 알아냈다. 그리고 얼마 후에 갈로아는 다항식의 근의 공식에 관한 이론(갈로아 이론이라고 불린다)을 발견하였다. 갈로아 이론에서는 다항식의 해에 관한 문제를 체의 문제로 이해하고 이를 다시 군의 문제로 변환하여 문제를 해결한다. 궁극적으로 일반적인 오차 이상의 다항식은 풀 수 없다는 사실을 증명한다. 다항식을 풀 수 있다는 것을 직관적으로 말하면 근의 공식은 사칙 연산과 거듭 제곱근을 이용하는 것만을 이용하여 근을 나타낼 수 있다는 것이다. 즉, 갈로아의 이론은 일반적인 5차 다항식의 근 중에는 유리수에서 사칙 연산과 거듭제곱근을 이용하여 나타낼 수 없는 것이다. 이러한 과정에서 체는 자연스럽게 정의되는 스칼라 배에 의하여 벡터공간이 된다. 따라서 체에서는 필요에 따라 군과 환의 구조는 물론 벡터공간의 구조를 활용할 수 있다.

V

대수적 부분구조 : 부분군, 부분환, 부분공간

복 습

1. 과제 내용 중 해결하지 못한 문제는 무엇인가?

2. 다음 용어를 모두 사용하여 작문하여라.
   가. 군, 유한군, 무한군, 가환군, 비가환군
   나. 환, 단위원을 가지는 환, 정역, 나눗셈 환, 체

3. 유한 비가환군과 무한 비가환환의 예를 각각 들어라.

4. 군에서 항등원과 임의의 원소의 역원은 유일함을 설명하여라.

5. 곱셈에 관한 항등원 즉, 단위원을 가지지 않는 환의 예를 하나 제시하여라.

6. 두 음의 실수의 곱은 양의 실수임을 설명하여라.

7. 다음 주장을 설명하여라.

가. 0은 곱셈에 관한 역원을 가지지 않는다.
나. 어떠한 실수도 0으로 나눌 수 없다.
다. 분수의 분모는 0일 수 없다.

목 표

1. 집합에서 부분집합을 생각하듯이 대수적 구조에서도 부분조를 살핀다.

2. 군, 환, 벡터공간 등의 대수적 구조와 한 부분구조가 주어졌때 부분구조에 의하여 원래의 집합에 동치관계가 정의되이 동치 관계에 의하여 원래의 집합을 분할할 수 있다.

3. 군, 환, 그리고 벡터공간 각각의 부분구조의 여러 가지 유시성질을 종합적으로 이해한다.

내 용

수학적 연구 대상을 이해하고자 할 때 그 대상의 부분은 전체에 관한 중요한 정보를 제공할 수 있다. 대수적 구조에서도 전체 구조와 부분구조와의 관계를 살피는 것은 중요하다.

대수적 구조, 예를 들어, 군이 하나 주어졌다고 하자. 그 군의 공집합이 아닌 부분집합 하나가 있을 때 그 부분집합도 군의 구조를 가질 수 있다. 환이나 벡터공간의 경우에도 마찬가지이다.

주어진 부분집합이 대수적 구조를 가지고 있는지는 정의를 이용하여 판별할 수 있지만, 보다 효율적인 방법이 있으면 편리하다.

한편, 한 집합에 동치관계가 있으면 그 동치관계는 그 집합을 동치류로 분할한다. 한 대수적 구조가 부분구조를 가지면 그 부분구조에 의하여 원래의 구조에 동치관계가 자연스럽게 정의되고, 그 결과 원래의 구조를 분할한다.

이 장에서 논의하는 구체적인 문제는 다음과 같다.

- 군, 환, 벡터 공간 각각의 부분구조의 정의는 무엇이며, 부분구조임을 판정할 수 있는 효과적인 방법은 무엇인가?
- 주어진 부분구조에 의하여 동치관계는 어떻게 정의되며, 그 때의 분할은 무엇인가?

이 장에서도 위의 문제와 관련하여 세 가지의 대수적 구조(군, 환, 벡터공간)를 동시에 살핀다. 그러나 군에 관한 논의는 환이나 벡터공간의 경우에도 쉽게 적용됨을 알 수 있다.

대수적 부분구조를 생각할 때에는 공집합은 생각하지 않는다.

부분군의 정의

> ≪**정의 5.1**≫ 군 $(G, \cdot)$의 $\varnothing$이 아닌 부분집합 H가 G에서와 동일한 연산 $\cdot$에 관하여 군이 될 때 H를 G의 부분군(subgroup)이라고 하고 보통 $H \leq G$와 같이 나타낸다.

군 $(G, \cdot)$의 항등원을 e라고 할 때 $(\{e\}, \cdot)$는 부분군이다. 또 G 자신도 G의 부분군이다. 이 때 부분군 $(\{e\}, \cdot)$과 $(G, \cdot)$을 군 $(G, \cdot)$의 자명한 부분군(trivial subgroup)이라고 한다.

과제 5.2 가. 다음을 확인하여라.

(1) 군 $(\mathbb{Z}, +)$, $(\mathbb{Q}, +)$, $(\mathbb{R}, +)$는 군 $(\mathbb{C}, +)$의 부분군이다.

(2) $2\mathbb{Z}$는 군 $\mathbb{Z}$의 부분군이다.

(3) K가 H의 부분군이고 H가 G의 부분군이면 K는 G의 부분군이다.

(4) $H=\left\{\begin{bmatrix} a & 0 \\ 0 & b \end{bmatrix} \middle| a, b \in \mathbb{R}\right\}$라고 하면 $(H, +)$는 $(\mathrm{Mat}_2(\mathbb{R}), +)$의 부분군이다.

(5) $S_3=\{1, (12), (13), (23), (123), (132)\}$에서 $\{1, (123), (132)\}$와 $\{1, (12)\}$는 모두 S_3의 부분군이다.

(6) 수의 집합에서 $\cdot$가 곱셈을 나타낼 때, 군 $(\mathbb{Q}-\{0\}, \cdot)$은 $(\mathbb{R}-\{0\}, \cdot)$의 부분군이며, 군 $(\{1, -1\}, \cdot)$은 군 $(\mathbb{Q}-\{0\}, \cdot)$의 부분군이다. 한편 $\mathbb{R}-\{0\}$는 $\mathbb{R}$의 부분집합이지만 군 $(\mathbb{R}-\{0\}, \cdot)$는 연산이 다르기 때문에 군 $(\mathbb{R}, +)$의 부분군이 아니다.

(7) $\mathbb{Z}_2$는 $\mathbb{Z}$의 부분군이 아니다. $\mathbb{Z}_2$는 $\mathbb{Z}$의 부분집합도 아니거니와 $\mathbb{Z}_2$에서의 연산은 $\mathbb{Z}$에서의 연산과 다르다. 마찬가지로 $\mathbb{Z}_5$는 $\mathbb{Z}_6$의 부분군이 아니다. $\mathbb{Z}_5$는 $\mathbb{Z}_6$의 부분집합도 아니거니와 $\mathbb{Z}_5$에서의 연산은 $\mathbb{Z}_6$에서의 연산과 다르다.

(8) 부분군에서의 연산은 원래의 군에서의 연산과 같다는 사실을 이용하여 다음을 설명하여라. H가 군 $(G, \cdot)$의 부분군이면 H에서의 항등원은 G에서의 항등원과 같다. 마찬가지로 H의 임의의 원소의 H에서의 역원은 G에서의 역원과 같다.

앞으로 연산에 대한 혼란의 염려가 없을 때 즉, 연산이 무엇인지 분명할 때에는 '군 $(G, \cdot)$' 대신에 '군 G'라고 나타낸다.

부분군의 판별

주어진 군 G의, 공집합이 아닌 부분집합 H가 G의 부분군인가 아닌가를 알아보는 것은 중요하다. 그런데 정의에 따라 H가 G의 부분군임을 보이기 위해서는 H에 연산이 잘 정의된다는 것과 군의 정의가 요구하는 모든 조건을 만족시킨다는 것을 보여야 한다. 이런 까닭에 부분군의 판별에 관한 다음 정리는 편리하다.

≪정의 5.3≫ $H(\neq \varnothing)$가 군 G의 부분집합일 때 다음은 서로 동치이다.

(1) H는 G의 부분군이다.

(2) ① $a,\ b \in H \Rightarrow ab \in H$

② $a \in H \Rightarrow a^{-1} \in H$

(3) $a,\ b \in H \Rightarrow ab^{-1} \in H$

[증명 밑 그림]

이 증명에서는 (3) ⇒ (1)을 보이는 것이 핵심이다. 먼저 H가 공집합이 아님을 이용하여 H 안에 항등원이 있음을 밝히고, 이어서 H의 모든 원소의 역원이 H 안에 있음을 증명한다. 마지막으로 H 위에 연산이 잘 정의됨을 보인다.

증명 (1) ⇒ (2)

H가 G의 부분군이면 군의 정의에 의하여 (2)가 성립된다.

(2) ⇒ (3)

$a,\ b \in H$라고 하자. 그러면 조건 ②에 의하여 $b^{-1} \in H$이고 조건 ①에 의하여 $ab^{-1} \in H$이다.

(3) ⇒ (1)

G에서 결합법칙이 성립하고 H는 G의 부분집합이므로 H에서도 결합법칙이 성립한다. 이제 $H \neq \varnothing$이므로 적어도 한 원소 $a \in H$가 있다. (3)에 의하여 $e = aa^{-1} \in H$이다. 따라서 임의의 $b \in H$에

대하여 $b^{-1}=eb^{-1}\in H$이다. 임의의 $a, b\in H$에 대하여 $ab=a(b^{-1})^{-1}\in H$이므로 H는 G의 부분군이다. ■

군과 같은 대수적 구조의 성질은 두 종류가 있다. 즉, 연산의 정의, 항등원, 역원과 같이 존재성에 관한 성질이 있고, 결합법칙, 교환법칙, 분배법칙과 같이 존재성에 무관한 성질이 있다. 사실, 부분군인가 아닌가를 판별할 때에는 존재성에 관한 성질만 살피면 된다. 위의 증명 (3) ⇒ (1)에서 'G에서 결합법칙이 성립하고 H는 G의 부분집합이므로 H에서도 결합법칙이 성립한다'라는 주장은 자명하다.

과제 5.4 가. 다음을 확인하여라.

(1) 짝수에 짝수를 더하거나 빼면 짝수이지만 홀수에 홀수를 더하거나 빼면 홀수라고 할 수 없다. 이 사실을 다음과 같이 표현할 수 있다 : 군 $(\mathbb{Z}, +)$에서 짝수 전체의 집합은 부분군이지만 홀수 전체의 집합은 부분군이 아니다.

(2) 유리수에 유리수를 더하거나 빼면 유리수이지만 무리수에 무리수를 더하거나 빼면 무리수라고 할 수 없다. 이 사실을 다음과 같이 표현할 수 있다 : 군 $(\mathbb{R}, +)$에서 유리수 전체의 집합은 부분군이지만 무리수 전체의 집합은 부분군이 아니다.

(3) $\{H_\lambda \mid \lambda\in\Lambda\}$를 군 G의 부분군들의 집합이라면, $H=\bigcap_{\lambda\in\Lambda} H_\lambda$는 G의 부분군이다.

(4) 위 정리에서 $(G, +)$가 가환군인 경우에는 $H(\neq\varnothing)$가 G의 부분군이기 위한 필요충분조건 '$a, b\in H \Rightarrow ab^{-1}\in H$'은 다음과 같이 된다.

$$a, b\in H \Rightarrow a-b\in H.$$

나. $\{H_\alpha\}$를 군 G의 부분군들로 이루어진 집합족이라고 하면, $H=\cup H_\alpha$는 일반적으로 G의 부분군이 아니다. 다음 조건을 만족시키는 S_3의 두 부분군 H_1과 H_2를 제시하여라 : $H_1\cup H_2$는 S_3의 부분군이 아니다.

부분환의 정의

군에서 부분군의 개념을 환에 대해서도 생각할 수 있다.

> **≪정의 5.5≫** $(R, +, \cdot)$을 환이라고 하고 $S(\neq\varnothing)$를 R의 부분집합이라고 할 때 $(S, +, \cdot)$도 환이 되면 S를 R의 부분환(subring)이라고 하고 보통 $S\leq R$와 같이 나타낸다.

'환 $(R, +, \cdot)$'를 연산에 관한 혼란의 우려가 없을 때에는 '환 R'라고 나타낸다.

과제 5.6 다음을 확인하여라.

가. $(\mathbb{Z}, +, \cdot)$, $(\mathbb{Q}, +, \cdot)$, $(\mathbb{R}, +, \cdot)$ 및 $(\mathbb{C}, +, \cdot)$는 모두 환이다. 이 경우 $\mathbb{Z}$는 $\mathbb{Q}$의, $\mathbb{Q}$는 $\mathbb{R}$의, $\mathbb{R}$은 $\mathbb{C}$의 부분

환이다.

나. $2\mathbb{Z}=\{2x \mid x \in \mathbb{Z}\}$일 때 환 $(2\mathbb{Z}, +, \cdot)$는 환 $(\mathbb{Z}, +, \cdot)$의 부분환이다. 환 $\mathbb{Z}$의 곱셈에 관한 항등원은 1이나 부분환 $2\mathbb{Z}$에는 곱셈에 관한 항등원이 없다.

다. 집합 $\mathbb{Z}^2=\mathbb{Z}\times\mathbb{Z}=\{(x_1, x_2) \mid x_1, x_2 \in \mathbb{Z}\}$에 덧셈은 자연스럽게 정의하고, 곱셈은 $(x_1, x_2)(x'_1, x'_2)=(x_1x'_1, x_2x'_2)$와 같이 정의하자. 그러면 $\mathbb{Z}^2$는 환이 되고 집합 $S=\{(x_1, 0) \mid x_1 \in \mathbb{Z}\}$은 $\mathbb{Z}^2$의 부분환이다. 이때 환 $\mathbb{Z}^2$의 곱셈에 관한 항등원은 $(1, 1)$이지만 부분환 S의 곱셈에 관한 항등원은 $(1, 0)$이다.

라. S가 R의 부분환이고, R가 T의 부분환이면 S는 T의 부분환이다.

마. $\mathbb{Z}_2$는 $\mathbb{Z}$의 부분환이 아니며 $\mathbb{Z}_4$의 부분환도 아니다.

위에서 본 바와 같이 환의 정의에서는 곱셈에 관한 항등원의 존재를 가정하지 않으므로 환 R가 곱셈에 관한 항등원을 가지는 환일지라도 그 부분환 S는 항등원을 갖지 않을 수 있으며, 또 부분환 S가 곱셈에 관한 항등원을 갖는 경우라도 원래의 환의 곱셈에 관한 항등원과 다를 수 있다.

그러나 덧셈에 관해서는 다르다. 즉, S가 환 R의 부분환이면 S의 덧셈에 관한 항등원은 R의 덧셈에 관한 항등원과 같다. 또한 S의 임의의 원소의 덧셈에 관한 역원은 R에서의 덧셈에 관한 역원이다.

부분환의 판별

부분군의 판별법을 이용하면 부분환의 판별법을 쉽게 얻을 수 있다.

≪정리 5.7≫ $S(\neq \varnothing)$가 환 R의 부분집합일 때 다음은 서로 동치이다.

(1) S는 R의 부분환이다.

(2) ① $x, y \in S \Rightarrow x-y \in S$

② $x, y \in S \Rightarrow xy \in S$

증명 (1) ⇒ (2)

S가 R의 부분환이면 환의 정의에 의하여 (2)가 성립된다.

(2) ⇒ (1)

먼저 ①에 의하여 $(S, +)$는 가환군이고 ②에 의하여 S는 곱셈에 관하여 닫혀 있다. 또 S는 R의 부분집합이므로 S는 곱셈에 관한 결합법칙과 곱셈의 덧셈에 관한 분배법칙을 만족시킨다. 따라서 S는 R의 부분환이다. ■

군에서와 마찬가지로 (2) ⇒ (1)의 증명 과정에서 결합법칙, 분배법칙은 당연히 성립함을 알 수 있다. 한편, 부분환의 판별에서 부분군의 판별법이 중요한 역할을 한다. 사실, 부분환이 되기 위해서는 우선 덧셈에 관하여 부분군이 되어야 하고, 그 외에 곱셈이 잘 정의되기만 하면 된다.

과제 5.8 다음을 확인하여라.

가. $\mathbb{Z}$는 $\mathbb{Q}$의, $\mathbb{Q}$는 $\mathbb{R}$의, $\mathbb{R}$은 $\mathbb{C}$의 부분환이다. 이 주장 속에 정수에 정수를 곱하면 정수이고 유리수에 유리수를 곱하면 유리수이고 실수에 실수를 곱하면 실수라는 주장이 내포되어 있다.

나. $(2\mathbb{Z}, +, \cdot)$는 환 $(\mathbb{Z}, +, \cdot)$의 부분환이다. 이 주장 속에 짝수에 짝수를 곱하면 짝수라는 주장이 내포되어 있다.

다. 정수환 $(\mathbb{Z}, +, \cdot)$의 부분환은 모두 $(n\mathbb{Z}, +, \cdot)$의 꼴이다.

라. 환 $\mathrm{Mat}_2(\mathbb{R})$에서 대각 행렬 전체의 집합은 부분환이다.

부분공간의 정의

V가 벡터공간이고, $\phi \neq W \subset V$라고 하자. W가 V에서와 동일한 덧셈 연산과 스칼라 배에 관하여 벡터공간이 될 때, W는 V의 부분공간(subspace)이라고 하고 보통 $W \leq V$와 같이 나타낸다.

이 강좌에서의 벡터공간은 특별한 언급이 없는 한 실벡터공간이다.

과제 5.9 부분공간의 정의를 이용하여 다음을 확인하여라.

가. 벡터공간 $\mathbb{R}^2$의 다음 부분집합은 모두 부분공간이다.

$$W_1 = \{(x, 0) \mid x \in \mathbb{R}\}$$

$$W_2 = \{(0, y) \mid y \in \mathbb{R}\}$$

$$W_3 = \{(x, x) \mid x \in \mathbb{R}\}$$

나. 벡터공간 $\mathbb{R}^2$의 다음 부분집합은 부분공간이 아니다. 예를 들어, 덧셈에 관한 항등원이 없음을 보이면 된다.

$$W_4=\{(x,\ x+1)\mid x\in\mathbb{R}\}$$

부분공간의 판별

부분군의 판별법을 이용하면 부분공간의 판별법을 쉽게 얻을 수 있다. 사실, V의 부분집합 $W(\neq\varnothing)$에 덧셈과 스칼라배가 잘 정의되면 W는 V의 부분공간이다.

≪정리 5.10≫ $W(\neq\varnothing)$가 벡터공간 V의 부분집합일 때 다음은 서로 동치이다.

(1) W는 V의 부분공간이다.

(2) ① $\forall x,\ y\in W,\ x+y\in W$

② $\forall\lambda\in\mathbb{R},\ \forall x\in W,\ \lambda x\in W$

과제 5.11 가. 위 정리를 증명하여라.

나. 과제 5.9에서 확인한 다음 사실을 위 정리를 이용하여 다시 확인하고 정리를 이용하면 훨씬 효과적임에 주목하여라.

(1) 벡터공간 $\mathbb{R}^2$의 다음 부분집합은 모두 부분공간이다.

$$W_1=\{(x,\ 0)\mid x\in\mathbb{R}\}$$

$$W_2=\{(0,\ y)\mid y\in\mathbb{R}\}$$

$$W_3=\{(x,\ x)\mid x\in\mathbb{R}\}$$

(2) 벡터공간 $\mathbb{R}^2$의 다음 부분집합은 부분공간이 아니다.

$$W_4 = \{(x,\ x+1) \mid x \in \mathbb{R}\}$$

위 정리에서 W가 V의 부분공간이기 위해서는 W는 V의 부분군이어야 하고 이는 다음과 동치이다. $\forall x,\ y \in W,\ x-y \in W$. 따라서 위 정리는 다음과 같이 기술될 것 같다.

$W(\neq \varnothing)$가 벡터공간 V의 부분집합일 때 다음은 서로 동치이다.
(1) W는 V의 부분공간이다.
(2) ① $\forall x,\ y \in W,\ x-y \in W$
② $\forall \lambda \in \mathbb{R},\ \forall x \in W,\ \lambda x \in W$

사실, $S(\neq \varnothing)$가 환 R의 부분집합일 때 S가 R의 부분환이기 위한 필요충분조건은 다음과 같다. $x,\ y \in S \Rightarrow x-y \in S$이고 $x,\ y \in S \Rightarrow xy \in S$.

그런데 위 정리에서 ②의 조건으로부터 임의의 $x \in W$에 대하여 $(-1)x = -x \in W$(정리 4.23)이므로 '$\forall x \in W,\ x-y \in W$'라는 조건은 '$\forall x,\ y \in W,\ x+y \in W$'와 같이 약화될 수 있다.

부분군에 의한 동치 관계

군의 용어나 환의 용어를 사용하여 정수론에서 배운 다음 사실을 기억하여 보자.

군(환) $\mathbb{Z}$에 부분군(부분환) $5\mathbb{Z}$를 활용하여 임의의 $m,\ n \in \mathbb{Z}$

에 관하여 관계를 다음과 같이 정의하자.

$$m \sim n \Leftrightarrow m-n \in 5\mathbb{Z}$$

이 관계는 동치관계이므로 $\mathbb{Z}$를 분할한다. 사실, 임의의 $n \in \mathbb{Z}$에 대하여 n의 동치류는 다음과 같다.

$$H+n=\{5k+n \mid k \in \mathbb{Z}\}.$$

이제, 이 과정을 일반적인 군에 대하여 생각하여 보자.

군 G와 G의 부분군 H에 대하여 임의의 $x, y \in G$에 관하여 다음과 같이 정의되는 관계 $\sim$를 생각하여 보자.

$$x \sim y \Leftrightarrow xy^{-1} \in H$$

이 관계 $\sim$는 G 위에서의 동치관계임을 다음과 같이 보일 수 있다.

가. 임의의 $x \in G$에 관하여 $xx^{-1}=e \in H$이므로 $x \sim x$이다.

나. $x \sim y \Rightarrow xy^{-1} \in H \Rightarrow (xy^{-1})^{-1} \in H \Rightarrow yx^{-1} \in H \Rightarrow y \sim x$.

다. $(x \sim y$이고 $y \sim z) \Rightarrow (xy^{-1} \in H$이고 $yz^{-1} \in H)$

$\Rightarrow (xy^{-1})(yz^{-1})=xz^{-1} \in H \Rightarrow x \sim z$.

따라서 G는 동치류로 분할된다. G의 부분군 H에 의한 동치류 전체의 집합을 G/H로 나타낸다.

위에서 정의한 관계 $\sim$가 동치관계임을 보이는 과정에서, H가 군이라는 사실이 중요한 역할을 한다. 사실, 위 '가'에서는 H

가 항등원을 가진다는 사실을 이용하고, '나'에서는 H의 원소의 역원이 H 안에 있다는 사실을 이용한다. 한편, '다'에서는 H가 연산에 관하여 닫혀있다는 사실과 연산의 결합법칙을 이용한다.

≪정리 5.12≫ 위 동치관계에 의한 x의 동치류는 다음과 같다.

$$Hx=\{hx \mid h\in H\}.$$

이 정리로부터 다음을 알 수 있다.

임의의 $x,\ y\in G$에 대하여, $x\sim y$이기 위한 필요충분조건은 $Hx=Hy$이다.

과제 5.13 가. 위 정리를 증명하여라.

나. 군 G의 부분군 H에 의한 동치류 전체의 집합을 G/H에 대하여 다음을 확인하여라.

(1) H도 하나의 동치류로서 G/H의 한 원소이다. 사실, H는 G의 항등원의 동치류이다.

(2) G/H의 원소 중에서 H 외에는 G의 부분군이 없다.

다. 다음 두 사실을 잘 이해하여 혼동하지 않도록 하여라.

(1) $H(\neq\varnothing)$가 군 G의 부분집합일 때 H가 G의 부분군이기 위한 필요충분조건은 $x,\ y\in H\Rightarrow xy^{-1}\in H$이다.

(2) 군 G의 부분군 H 그리고 임의의 $x,\ y\in G$에 대하여 $Hx=Hy$이기 위한 필요충분조건은 $xy^{-1}\in H$이다.

라. 다음을 확인하여라.

군 G와 G의 부분군 H에 대하여 임의의 $x, y \in G$에 관한 관계 $\sim'$을 다음과 같이 정의하자.

$$x \sim' y \Leftrightarrow x^{-1}y \in H.$$

(1) 이 관계도 동치관계이다.

(2) 이 동치관계에 의한 x의 동치류는 다음과 같이 주어진다.

$$xH = \{xh \mid h \in H\}.$$

*마. 군 G, G의 부분군 H, 그리고 $x \in G$에 대하여 Hx와 xH는 일반적으로 같지 않다. 신현용(2006)을 참고하여 그러한 예를 하나 제시하여라.

군 G와 G의 부분군 H에 의한 동치류에 관하여 다음 정리는 중요하다.

≪**정리 5.14**≫ 군 G와 G의 부분군 H에 대하여 다음과 같이 정의되는 함수 $f : H \rightarrow Hx$는 일대일대응이다. $$f(h) = hx,\ h \in H$$

증명 함수 f가 잘 정의되는 것은 분명하다. 이제 $h_1x = h_2x$, h_1, $h_2 \in H$라고 하면 $h_1 = h_1xx^{-1} = h_2xx^{-1} = h_2$이므로 f는 일대일이다. 한편, 임의의 $hx \in Hx$에 대하여 $f(h) = hx$이므로 f는 위로의 사상이다. ■

G가 유한군인 경우에는 G의 부분군 H에 의한 모든 동치류의 위수는 같다. 한편, 이 경우의 동치류의 개수를 G에서의 H의 지수(index)라고 하고 $|G : H|$와 같이 나타낸다.

이상으로부터 다음 사실을 알 수 있다.

≪정리 5.15≫ (라그랑쥬, Lagrange)
유한군 G에서, G의 부분군 H의 위수와 지수는 모두 $|G|$의 약수이다. 사실, 다음이 성립한다.

$$|G| = |G : H|\,|H|$$

군 G와 G의 부분군 H가 주어졌을 때 H에 의한 동치관계를 어떻게 정의하느냐에 따라서 동치류는 Hx 또는 xH와 같다. 이 각각의 동치류를 G에서의 x에 의한 H의 우잉여류(right coset) 또는 x에 의한 H의 좌잉여류(left coset)라고 한다.

과제 5.16 가. 다음을 확인하여라.

(1) 군 G가 가환군이면 임의의 부분군 H와 임의의 원소 $x \in G$에 의한 우잉여류 Hx와 좌잉여류 xH는 같은 집합이다. 즉, $Hx = xH$이다.

(2) $\mathbb{Z}_n$에서 정수 k에 의한 잉여류는 다음과 같이 주어진다.

$$n\mathbb{Z} + k = k + n\mathbb{Z}.$$

나. 가환군이 아닌 군 G와 G의 한 부분군 H에 의한 우잉여류 Hx와 좌잉여류 xH는 일반적으로 같은 집합이 아니다. 이 사실을 다음의 예를 통하여 확인하여라.

$$G=S_3=\{1,\ (12),\ (13),\ (23),\ (123),\ (132)\},$$
$$H=\{1,\ (12)\},\ x=(13).$$

다. $S_3=\{1,\ (12),\ (13),\ (23),\ (123),\ (132)\}$의 부분군은 $\{1\}$, $\{1,\ (12)\}$, $\{1,\ (13)\}$, $\{1,\ (23)\}$, $\{1,\ (123),(132)\}$, 그리고 S_3이다. 이 경우에 라그랑쥬 정리를 확인하여라.

군 G와 부분군 H, 그리고 $x \in G$에 대하여 $Hx=xH$일 때 $Hx(xH)$를 x에 의한 H의 잉여류(coset)라고 한다.

부분환과 부분공간에 의한 동치 관계

군에는 그 군의 한 부분군에 의하여 동치관계가 정의되고 그 동치관계에 의하여 동치류로 분할된다. 이제 환과 벡터공간의 경우에도 비슷한 과정을 생각할 수 있다.

환 R와 그의 부분환 S가 주어졌을 때, R를 덧셈에 관한 군으로 생각할 수 있으므로 다음과 같이 정의된 관계 $\sim$는 R 위의 동치관계이다.

$$\forall x,\ y \in R,\ x \sim y \Leftrightarrow x-y \in S$$

이 경우 $x \in R$의 동치류는 다음과 같다.

$$S+x=\{s+x \mid s\in S\}.$$

마찬가지로 벡터공간 V와 그의 부분공간 W가 주어졌을 때, V도 덧셈에 관한 군으로 생각할 수 있으므로 다음과 같이 정의된 관계 ~도 V 위의 동치 관계이다.

$$\forall x,\ y\in V,\ x\sim y \Leftrightarrow x-y\in W$$

이 경우 $x\in V$의 동치류는 다음과 같다.

$$W+x=\{w+x \mid w\in W\}.$$

군의 경우에서와 마찬가지로 환 R(벡터공간 V)의 부분환 S(부분공간 W)가 주어질 때 위와 같이 동치관계가 정의되고 그 동치관계에 의하여 환 R(벡터공간 V)를 동치류로 분할할 수 있다. 이렇게 얻은 동치류 전체의 집합을 보통 $R/S(V/W)$로 나타낸다.

과제 5.17 다음을 확인하여라.

가. 임의의 자연수 m에 대하여 $m\mathbb{Z}$은 $\mathbb{Z}$의 부분환이다. 이제 부분환 $m\mathbb{Z}$를 이용하여 $\mathbb{Z}$에 동치관계를 정의하고 그 동치관계에 의하여 $\mathbb{Z}$를 분할하여 $\mathbb{Z}_m$을 얻는다.

나. $\mathbb{Z}_m=\{0,\ 1,\ \cdots,\ m-1\}$에 덧셈이 잘 정의되고 $\mathbb{Z}_m$은 이 덧셈연산에 관하여 가환군이 된다.

다. $\mathbb{Z}_m=\{0,\ 1,\ \cdots,\ m-1\}$에는 곱셈도 잘 정의되고 $\mathbb{Z}_m$은 위의 덧셈연산과 이 곱셈연산에 관하여 환이 된다.

이제 정수환 $\mathbb{Z}$에서 환 $\mathbb{Z}_m$을 얻는 과정을 일반적인 군(환,

벡터공간) $G(R, V)$과 부분군(부분환) $H(S, W)$의 경우에 생각할 수 있다. 즉, 동치류 전체의 집합 $G/H(R/S, V/W)$에 덧셈(덧셈과 곱셈, 덧셈과 스칼라배)을 적절히 정의하여 군(환, 벡터공간)을 얻을 수 있기를 기대할 수 있다. 그러나 일반적으로 G/H(또는 R/S)에는 덧셈(또는 덧셈과 곱셈)이 잘 정의되지 않는다.

***과제 5.18** 가. 신현용(2006)을 참고하여 다음을 확인하여라.

(1) G/H(또는 R/S)에 덧셈(또는 덧셈과 곱셈)이 잘 정의되기 위하여 '정규부분군(normal subgroup)(또는 이데알(ideal))'의 개념이 요구된다.

(2) 벡터공간의 경우에는 특별한 부분공간을 필요로 하지 않고 벡터공간 V와 V의 부분공간 W로부터 얻은 동치류 V/W에 덧셈과 스칼라배를 잘 정의하여 새로운 벡터공간을 얻을 수 있다.

나. 부분군과 관련하여 또 하나의 중요한 문제는 두 개 부분군에 의한 새로운 부분군의 구성이다. 다음을 확인하여라.

(1) 임의의 정수 a에 대하여 두 집합 $a\mathbb{Z}$는 $\mathbb{Z}$의 부분군이다.

(2) 임의의 두 정수 a와 b에 대하여 $a\mathbb{Z} \cap b\mathbb{Z}$는 $\mathbb{Z}$의 부분군이지만 $a\mathbb{Z} \cup b\mathbb{Z}$는 일반적으로 $\mathbb{Z}$의 부분군이 아니다.

(3) 임의의 두 정수 a와 b에 대하여 $a\mathbb{Z} + b\mathbb{Z}$는 $\mathbb{Z}$의 부분군이다.

(4) H와 K가 군 G의 부분군이면 $H \cap K$는 G의 부분군이지만 $H \cup K$는 일반적으로 G의 부분군이 아니다.

(5) H와 K가 군 G의 부분군일 때, $HK = \{hk \mid h \in H, k \in K\}$라고 하면 $H \cup K \subset HK$이다.

(6) 군 G가 가환군이면 $HK=\{hk \mid h \in H,\ k \in K\}$는 G의 부분군이다.

학교 수학과 실생활에서의 부분구조

부분 구조의 개념은 학교 수학에서 암암리에 활용된다.

과제 5.19 대수적 부분구조의 정의를 이용하여 다음 물음에 답하여라.

가. 유리수 전체의 집합 $\mathbb{Q}$은 실수체 $\mathbb{R}$의 부분체라는 사실을 이용하여 $1+\sqrt{2}$는 유리수가 아님을 설명하여라. 즉, $1+\sqrt{2}$가 유리수라고 하고 모순을 유도하여라.

나. 실수체 $\mathbb{R}$는 복소수체 $\mathbb{C}$의 부분체라는 사실을 이용하여 $1+i$는 실수가 아님을 설명하여라.

다. 짝수 전체의 집합은 덧셈 군 $\mathbb{Z}$의 부분군이라는 사실을 이용하여 짝수에 홀수를 더하면 홀수가 됨을 설명하여라.

부분 구조의 개념은 실생활에서도 중요하게 이용된다. 사실, 앞에서 언급하였듯이 벡터공간의 한 부분공간이 주어지면 그 부분공간에 의하여 원래의 벡터공간에 동치관계가 유도되고, 이는 다시 그 벡터공간을 분할한다. 이러한 과정은 정보통신 특히, 부호이론(Coding Theory)에 활용된다.

***과제 5.20** '자료 : 대수학과 정보통신'을 참고하여 부분구조(특히, 부분공간)의 부호이론에의 응용에 관하여 조사하여라.

토의 및 참고 자료

1. 동치 관계와 분할을 다음과 같은 경우에서 살펴보아라.

가. 실생활

(1) 성(性, gender)에 의한 분할 : 두 사람의 성(性)이 같을 때 '두 사람은 관계있다'라고 하면 이 관계는 동치관계이다.

(2) 성(姓, family name)에 의한 분할 : 두 사람의 성(姓)이 같을 때 '두 사람은 관계있다'라고 하면 이 관계는 동치관계이다.

나. 집합론

집합의 대등(equipotent)관계는 동치관계이다. 가부번 집합은 자연수 집합과 대등한 집합을 말한다.

다. 정수론

합동(congruence) 관계는 대표적인 동치관계이다. $\mathbb{Z}_m(\equiv \mathbb{Z}/m\mathbb{Z})$는 m을 법으로 한 동치류들의 집합이다.

라. 음악

과제 2.9에서 주파수와 동치관계를 알아보았다.

2. 다음의 예를 통하여 일반적인 집합과 대수적 구조의 차이를 논의하여라.

가. 군 G의 두 부분군 H, K에 대하여 $H \cap K \neq \varnothing$이다.

나. 군 G의 세 부분군 N, H, K에 대하여 $N \subset H \cup K$이면 $N \subset H$ 또는 $N \subset K$이다.

VI

대수적 구조를 비교하기 위한 함수 : 군(환)준동형사상, 선형사상

복 습

1. 과제 내용 중 해결하지 못한 문제는 무엇인가?

2. 다음에 주어진 용어를 모두 사용하여 작문하여라.
   가. 군(환), 부분군(부분환), 부분군(부분환)에 의한 동치관계,
   나. 벡터공간, 부분공간, 부분공간에 의한 동치관계

목 표

1. 함수 개념이 대수적 구조에 따라 어떻게 특성화되는지 주목한다.

2. 집합론에서의 함수, 해석학에서의 연속함수 등과의 비교를 통하여 이 강좌에서 논의하는 함수(군준동형사상, 환준동형사상, 선형사상)의 특징을 알고 그 함수들의 공통적인 성질을 종합적으로 이해한다.

내 용

두 집합을 비교하는 유용한 방법 중 하나는 함수 개념을 사용하는 것이다. 특히, 칸토어는 무한 집합을 연구함에 이러한 접근을 취했다. 예를 들어, 칸토어는 자연수 전체의 집합 ℕ을 기본으로 하여 ℕ과 일대일 대응인가 아닌가를 살폈다. 유리수 전체의 집합 ℚ는 ℕ과 일대일 대응이지만 실수 전체의 집합 ℝ는 ℕ과 일대일 대응이 아님을 증명하였다. 이 때, 가부번(denumerable) 등의 개념이 등장한다.

이 장에서 논의하는 구체적인 문제는 다음과 같다.

- 대수적 구조를 비교하는 함수는 어떠한 조건을 추가로 만족시켜야 하는가?
- 대수적 구조를 비교하는 함수는 일반적인 함수와 다른 어떠한 성질을 가지는가?

여기에서도 군의 경우는 비교적 자세히 다지만 환과 벡터공간의 경우는 모두 군의 구조를 가지고 있음에 주목하여 개략적으로 다룬다.

대수적 구조의 비교

미적분학, 해석학, 위상공간 등에서는 함수의 연속성 등이 중요하다. 군이나 환과 같은 대수적 구조에서는 집합에 정의된 연산이 중요하다. 따라서 그러한 대수적 구조를 함수를 통하여 비교하고자 할 때에는 그 함수는 연산을 잘 보존하여야 할 필요가 있다. 즉, 이러한 경우에는 그 함수가 일대일 대응이냐 아니냐보다 함수에 의한 연산의 보존 여부를 먼저 살펴야 한다.

군준동형사상

≪**정의 6.1**≫ 군 G에서 군 H로의 사상 $f : G \to H$가 모든 $a, b \in G$에 대하여

$$f(ab) = f(a)f(b)$$

를 만족시킬 때, 이 함수 f를 G에서 H로의 군준동형사상(group homomorphism)이라고 한다. 군준동형사상 $f : G \to H$가 일대일대응일 때, f를 군동형사상(group isomorphism)이라고 하고, G와 H 사이에 군동형사상이 있을 때 G와 H는 동형(isomorphic)이라고 하며 $G \cong H$와 같이 나타낸다.

위의 정의에 제시된 성질 $f(ab) = f(a)f(b)$에서 ab는 군 G에서 연산한 결과이고, $f(a)f(b)$는 군 H에서 연산한 결과이지만 연산을 구별하여 나타내지 아니한 것이다. 또, 혼란의 여지가 없을 때 즉, 비교하는 두 대수적 구조가 군이라는 것이 분명할 때에는 군준동형사상(군동형사상)을 그냥 준동형사상(동형사상)이라고 부른다.

과제 6.2 다음을 확인하여라.

가. 두 군 $(\{1, -1\}, \times)$, $\mathbb{Z}_2 = \{0, 1\}$ 사이에 다음 함수 f를 생각하자.

$$f(1) = 0,\ f(-1) = 1$$

이 함수는 군동형사상이다.

나. $\mathbb{Z}_3=\{0, 1, 2\}$는 $\mathbb{Z}_6=\{0, 1, 2, 3, 4, 5\}$의 부분군이 아니지만 $\mathbb{Z}_6$의 부분군 $\{0, 2, 4\}$와 동형이다. 즉, $f(0)=0$, $f(1)=2, f(2)=4$와 같이 정의된 함수 $f : \mathbb{Z}_3 \to \mathbb{Z}_6$는 군준동형사상이고 $f(\mathbb{Z}_3)=\{0, 2, 4\} \leq \mathbb{Z}_6$이다.

다음 정리는 준동형사상의 합성은 준동형사상임을 말한다. 이 경우에도 세 군의 연산에 혼란의 여지가 없기 때문에 연산을 구체적으로 나타내지 않는다.

> **≪정리 6.3≫** 세 군 G, H, K에 대하여 $f : G \to H$와 $g : H \to K$가 준동형사상이면 합성사상 $g \circ f : G \to K$도 준동형사상이다.

증명 임의의 $a, b \in G$에 대하여

$$\begin{aligned}(g \circ f)(ab) &= g(f(ab)) = g(f(a)f(b)) \\ &= g(f(a))g(f(b)) = (g \circ f)(a)(g \circ f)(b)\end{aligned}$$

따라서 합성사상 $g \circ f$는 G에서 K로의 준동형사상이다. ■

닮은 두 삼각형이나 정해진 법(modulus)에 의하여 합동인 두 정수는 여러 면에서 비슷한 성질을 가진다. 다음 정리에 의하면 동형인 두 군도 그렇다. 사실, 동형인 두 군은 구태여 구분하지 않고 같은 군으로 취급한다.

≪정리 6.4≫ 군의 동형관계($\cong$)는 동치관계이다.

증명 가. (반사율) 임의의 군 G에 대하여 항등사상 $I_G : G \to G$는 동형사상이다. 따라서 $G \cong G$이다.

나. (대칭률) 군 G, H에 대하여 $G \cong H$라 가정하고 $f : G \to H$를 동형사상이라고 하자. f는 일대일대응이므로 f의 역함수 $f^{-1} : H \to G$가 있으며, 일대일대응이다. 한편 a', $b' \in H$이라고 하면, $f(a)=a'$, $f(b)=b'$인 a, $b \in G$가 있고 $f^{-1}(a')=a$, $f^{-1}(b')=b$이다. 따라서

$$\begin{aligned} f^{-1}(a'b') &= f^{-1}(f(a)f(b)) = f^{-1}(f(ab)) = ab \\ &= f^{-1}(a')f^{-1}(b'). \end{aligned}$$

그러므로 f^{-1}는 동형사상이다. 따라서 $H \cong G$이다.

다. (추이율) 군 G, H, K에 대하여 $G \cong H$, $H \cong K$라고 하고, 사상 $f : G \to H$와 $g : H \to K$를 동형사상이라고 하자. 이 경우 $g \circ f : G \to K$은 준동형사상이고 f, g가 일대일대응이므로 $g \circ f$도 일대일대응이다. 따라서 $g \circ f$는 동형사상이다. 따라서 $G \cong K$ 이다. ■

다음 두 정리는 군준동형사상이 가지는 특징을 말한다. 일반적인 함수에서는 이러한 성질을 기대하기 어렵다.

≪**정리 6.5**≫ 두 군 G, H에 대하여 $f: G \to H$가 준동형사상이면 다음이 성립한다.

가. $f(e)=e$

나. 임의의 $x \in G$에 대하여, $f(x^{-1})=f(x)^{-1}$이다.

다. $\mathrm{Im}\, f=\{f(x) \mid x \in G\}$는 H의 부분군이다.

라. $\mathrm{Ker}\, f=\{x \in G \mid f(x)=e\}$는 G의 부분군이다.

증명 가. $f(e)=f(ee)=f(e)f(e)$. 양변의 좌측에 $f(e)^{-1}$를 연산하여 다음을 얻는다.

$$e=f(e)^{-1}f(e)=f(e^{-1})f(e)f(e)=f(e)$$

따라서 $f(e)=e$이다.

나. $f(x^{-1})f(x)=f(x^{-1}x)=f(e)=e$이며 $f(x)f(x^{-1})=f(xx^{-1})=f(e)=e$이다. 따라서 $f(x^{-1})=f(x)^{-1}$이다.

다. 먼저 $f(e)=e$이므로 $\mathrm{Im}\, f \neq \varnothing$이다. 이제 x', $y' \in \mathrm{Im}\, f$라고 하면, $f(x)=x'$, $f(y)=y'$인 x, $y \in G$이고 $f(xy^{-1})=f(x)f(y)^{-1}=x'y'^{-1}$이므로 $x'y'^{-1} \in \mathrm{Im}\, f$이다.

라. 먼저 위의 가에 의하여 $\mathrm{Ker}\, f \neq \varnothing$이다. 이제 x, $y \in \mathrm{Ker}\, f$라고 하면, $f(x)=e$, $f(y)=e$이다. 이제, $f(xy^{-1})=f(x)f(y)^{-1}=e$이므로 $xy^{-1} \in \mathrm{Ker}\, f$이다. ■

위 정리에서 $\mathrm{Ker}\, f$는 준동형사상 f의 '핵(kernel)'이라고 하고, $\mathrm{Im}\, f$는 준동형사상 f의 '상(image)'이라고 한다.

> **≪정리 6.6≫** 준동형사상 $f : G \to H$가 일대일이기 위한 필요충분조건은 $\text{Ker}\, f = \{e\}$이다.

증명 먼저 충분조건(⇒방향)을 증명하기 위하여 f가 일대일이라고 하자. $\text{Ker}\, f \geq \{e\}$이므로 $\text{Ker}\, f \leq \{e\}$임을 보이면 된다. 이를 위하여 $x \in \text{Ker}\, f$라고 하면 다음이 성립한다 : $f(x) = e = f(e)$. 그런데 f가 일대일이므로 $x = e$이다. 이제 필요조건(⇐방향)을 증명하기 위하여 $\text{Ker}\, f = \{e\}$이라고 하고 $f(x) = f(y)$라고 하자. f가 준동형사상이므로 $f(xy^{-1}) = e$이다. 즉, $xy^{-1} \in \text{Ker}\, f$이다. $\text{Ker}\, f = \{e\}$이므로 $xy^{-1} = e$ 즉, $x = y$이고 이는 f가 일대일임을 뜻한다. ■

과제 6.7 다음을 확인하여라.

준동형사상 $f : G \to H$가 위로의 사상이기 위한 필요충분조건은 $\text{Im}\, f = H$이다.

환준동형사상

두 군을 비교하고자 할 때 군준동형사상을 사용하듯이 두 환을 비교할 때에는 환준동형사상을 사용한다. 환의 구조에는 두 개의 연산이 정의된다는 사실을 감안하면 환준동형사상의 정의를 쉽게 생각할 수 있다.

과제 6.8 다음은 환준동형사상의 정의다. 빈칸을 적절히 채우라. 환 R에서 환 R'으로의 사상(함수) $f : R \to R'$가 모든 $a, b \in R$에 대하여

$$f(a+b)=f(a)+f(b)$$
$$f(ab)=f(a)f(b)$$

를 만족시킬 때, 이 사상 f를 R에서 R'으로의 ( )사상(ring homomorphism)이라고 한다. 환준동형사상 $f:R\to R'$이 일대일대응일 때, f를 ( )사상(ring isomorphism)이라고 하고, 두 환 R와 R' 사이에 환동형사상이 있을 때 R와 R'은 ( )(isomorphic)이라고 하며 $R\cong R'$과 같이 나타낸다.

위의 정의에서 두 환의 연산을 구별하여 나타내지 아니한 것이다. 또, 혼란의 여지가 없을 때 즉, 비교하는 두 대수적 구조가 모두 환임이 분명할 때에는 환준동형사상(환동형사상)을 그냥 준동형사상(동형사상)이라고 부른다.

과제 6.9 다음을 확인하여라.

정수환 $\mathbb{Z}$에서 잉여류환 $\mathbb{Z}_n$로의 사상 $f:\mathbb{Z}\to\mathbb{Z}_n$을 $f(x)=x+n\mathbb{Z}$로 정의하면 f는 표준 위로의 환준동형사상이다.

환 $(R, +, \cdot)$, $(R', +, \cdot)$에서 사상 $f:R\to R'$가 환준동형사상이라 하면 이 사상은 군 $(R, +)$에서 군 $(R', +)$로의 군준동형사상이므로 다음이 성립한다.

가. $f(0)=0$

나. $\forall a\in R,\ f(-a)=-f(a)$

환은 덧셈에 관하여 군이고 환준동형사상은 덧셈의 측면에서는 군준동형사상이므로, 환준동형사상은 군준동형사상과 비슷한 성질을 많이 가진다.

과제 6.10 다음을 증명하여라.

가. R, R', R''를 환이라고 할 때 $f : R \to R'$와 $g : R' \to R''$가 준동형사상이면 합성사상 $g \circ f : R \to R''$도 환준동형사상이다.

나. 환 R, R'에 대하여 $f : R \to R'$를 환준동형사상이라고 할 때 다음이 성립한다.

(1) $\text{Im}\, f = \{f(x) \mid x \in R\}$은 R'의 부분환이다.

(2) $\text{Ker}\, f = \{x \in R \mid f(x) = 0\}$ 은 R의 부분환이다.

(3) R, R'가 환이고 f가 환 준동형사상일 때 f가 일대일이기 위한 필요충분조건은 $\text{Ker}\, f = \{0\}$이다.

(4) R, R'가 환이고 f가 환 준동형사상일 때 f가 위로의 사상이기 위한 필요충분조건은 $\text{Im}\, f = R'$이다.

위 과제에서 $\text{Ker}\, f$는 준동형사상 f의 '핵'이라고 하고, $\text{Im}\, f$는 준동형사상 f의 '상'이라고 한다.

한편, 환에는 두 개 연산이 있는데, 환준동형사상은 각각의 연산에 관한 성질을 따로따로 조사하여야 한다.

과제 6.11 가. R, R'이 단위원을 가지는 환이고 $f : R \to R'$이 환준동형사상일 때 다음이 성립하지 않는 예를 제시하여라: $f(1) = 1$.

나. R, R'이 단위원을 가지는 환이고 $f : R \to R'$가 위로의 환

준동형사상이면 다음이 성립함을 증명하여라.

(1) $f(1)=1$

(2) $x \in R$가 곱셈에 관한 역원을 가지면 $f(x^{-1})=f(x)^{-1}$이다.

선형사상

군과 환의 경우와 마찬가지로 두 벡터공간을 비교할 때에는 선형사상을 이용한다.

≪정의 6.12≫ 두 벡터 공간 U, V 사이에 정의된 함수 $f: U \to V$가 다음 두 조건을 만족시킬 때, f를 선형사상(함수)이라고 한다.

가. $\forall u, v \in U,\ f(u+v)=f(u)+f(v)$

나. $\forall u \in U,\ \forall \lambda \in \mathbb{R},\ f(\lambda u)=\lambda f(u)$

과제 6.13 다음을 확인하여라.

가. 함수 $h: \mathbb{R}^2 \to \mathbb{R}^2$를 $h(x, y)=(y, x)$로 정의하면, h는 선형사상이다.

나. 함수 $f: \mathbb{R}^2 \to \mathbb{R}^2$를 $f(x, y)=(xy, y)$로 정의하면, f는 선형사상이 아니다.

다. 함수 $g: \mathbb{R} \to \mathbb{R}$가 다음과 같은 경우, 어느 함수도 선형사상이 아니다.

(1) $g(x) = x+3$

(2) $g(x)=x^3$

(3) $g(x)=\sin x$

(4) $g(x)=e^x$

(5) $g(x) = \log x,\ \ x>0$

≪정리 6.14≫ 함수 $f: U \to V$가 선형사상이면 다음이 성립한다.

가. $f(0)=0$

나. $f(-u)=-f(u)$

증명 가. $f(0)=f(0+0)=f(0)+f(0)$. 양변에 $f(0)$의 덧셈에 관한 역원을 더해주면 $-f(0)+f(0)=-f(0)+(f(0)+f(0))$이다. 따라서 $0=0+f(0)=f(0)$이다.

나. $0=u+(-u)$이므로, $0=f(0)=f(u+(-u))=f(u)+f(-u)$이다. 따라서 $f(-u)=-f(u)$이다. ■

이제, 선형사상 $f: U \to V$가 주어지면 다음과 같이 두 개의 중요한 부분 공간을 얻을 수 있다.

≪정리 6.15≫ 함수 $f: U \to V$가 선형사상이면 다음이 성립한다.

가. $\mathrm{Im}\, f=\{f(u) \mid u \in U\}$은 V의 부분공간이다.

나. $\mathrm{Ker}\ f=\{u \in U \mid f(u)=0\}$은 U의 부분공간이다.

증명 가. 먼저 $0 \in \mathrm{Im}\, f$이므로, $\mathrm{Im}\, f \neq \varnothing$임을 알 수 있다. 이제, u',

$v' \in \mathrm{Im}\, f$라고 하자. 그러면 $\exists u \in U$, $f(u)=u'$이고, $\exists v \in U$, $f(v)=v'$이다. 따라서 다음을 알 수 있다.
$f(u+v)=f(u)+f(v)=u'+v'$. 이는 $u'+v' \in \mathrm{Im}\, f$를 뜻한다. 한편, $\lambda \in \mathbb{R}$이고, $u' \in \mathrm{Im}\, f$라고 하면, $\exists u \in U$; $f(u)=u'$이고, $f(\lambda u)=\lambda f(u)=\lambda u'$이므로, $\lambda u' \in \mathrm{Im}\, f$이다. 따라서 $\mathrm{Im}\, f$는 V의 부분공간이다.

나. 먼저 $0 \in \mathrm{Ker}\, f$이므로, $\ker f \neq \varnothing$임을 알 수 있다. 이제, u, $v \in \mathrm{Ker}\, f$라고 하자. $f(u)=0$, $f(v)=0$이므로, $f(u+v)=f(u)+f(v)=0+0=0$이다. 따라서 $u+v \in \mathrm{Ker}\, f$. 한편, $u \in \mathrm{Ker}\, f$이고, $\lambda \in R$라고 하면, $f(\lambda u)=\lambda f(u)=\lambda \cdot 0=0$. 따라서 $\lambda u \in \mathrm{Ker}\, f$이다. ■

위 정리에서 $\mathrm{Ker}\, f$는 선형사상 f의 '핵'이라고 하고 $\mathrm{Im}\, f$는 선형사상 f의 '상'이라고 한다.

> **≪정리 6.16≫** 선형사상 $f : U \to V$가 일대일(단사)이기 위한 필요충분조건은 $\mathrm{Ker}\, f=\{0\}$인 것이다.

증명 먼저 충분조건(⇒방향)을 증명하기 위하여 $f : U \to V$가 일대일이라고 하자. $\mathrm{Ker}\, f \supset \{0\}$이므로 $\mathrm{Ker}\, f \subset \{0\}$임을 보이면 된다. 이를 위하여 $u \in \mathrm{Ker}\, f$라고 하면 다음이 성립한다 : $f(u)=0=f(0)$. f가 일대일이므로 $u=0$이다. 이제 필요조건(⇐방향)을 증명하기 위하여 $\mathrm{Ker}\, f=\{0\}$이라고 하고 $f(u)=f(v)$라고 하자. f가 선형사상이므로 $f(u-v)=0$이다. 즉, $u-v \in \mathrm{Ker}\, f$이다. $\mathrm{Ker}\, f=\{0\}$이므로 $u=v$이고, 이는 f가 일대일임을 뜻한다. ■

선형사상 $f : U \to V$가 일대일대응(전사이며 단사)일 때 선형사상 f를 동형사상(isomorphism)이라고 한다. 이 경우 두 벡터 공간 U, V는 동형(isomorphic)이라고 하고, $U \simeq V$와 같이 나타낸다.

학교 수학에서의 함수

함수는 수학에서 가장 기본적인 개념이라고 할 수 있다.

과제 6.17 가. 제7차 수학과 교육과정에서와 현재의 수학과 교육과정에서는 함수의 도입을 다른 방식으로 한다. 두 가지 방법의 장단점에 관하여 논의하여라.

나. 다음에 관하여 조사하여라.

(1) 두 집합의 비교

일대일 함수(사상)

위로의 함수(사상)

일대일 대응

대등한 집합

가부번 집합

(2) 대수적 구조의 비교

군(환) 준동형사상, 선형사상

군(환) 동형사상, 선형 동형사상

토의 및 참고 자료

1. 선형대수학(Linear Algebra)은 대수학의 주요 영역 중의 하나이다. 이 책에서는 벡터공간의 정의 외에 선형대수학 내용을 다루지 아니하였다. 아래 자료를 참고하여 선형대수학의 주요 주제인 행렬과 행렬식에 관하여 개략적으로 조사하여라. 단, 여기에서는 실수 성분을 가지는 행렬에 대해서만 살핀다. 행렬과 행렬식에 관한 보다 자세한 논의를 위해서는 신현용(2007c)을 참고할 수 있다.

기본 행렬

연립방정식을 풀 때, 기본적으로 사용하는 세 가지 기본 조작은 두 방정식의 순서를 바꾸거나, 한 방정식에 0이 아닌 상수배를 하거나, 아니면 한 방정식을 상수배하여 다른 방정식에 더하는 등 세 가지이다.

≪**정의 6.18**≫ 다음과 같은 행렬을 기본 행렬(elementary matrices)이라고 한다.

C_{ij} : 단위 행렬의 제i행과 j행을 서로 맞바꾼 행렬

$D_{ii}(a)$: 단위 행렬의 제i행 성분을 모두 a배한 행렬

$E_{ij}(a)$: 단위 행렬의 제i행에 제j행의 a배를 더한 행렬

이제 연립방정식을 행렬을 이용하여 나타내면, 연립방정식을

풀 때의 기본 조작 모두는 적절한 기본 행렬의 곱으로 구현될 수 있다.

≪정리 6.19≫ 행렬 A에 기본 행 연산을 시행한 결과와 단위 행렬에 그 기본 행 연산을 시행하여 얻은 행렬(하나의 기본 행렬)을 A의 좌측에 곱한 결과는 같다.

과제 6.20 다음을 확인하여라.

$\begin{bmatrix}1 & 2\\3 & 4\end{bmatrix}$의 1행에 3배하고 싶으면 $\begin{bmatrix}1 & 0\\0 & 1\end{bmatrix}$의 1행을 3배한 $\begin{bmatrix}3 & 0\\0 & 1\end{bmatrix}$ 행렬을 $\begin{bmatrix}1 & 2\\3 & 4\end{bmatrix}$의 좌측에 곱해주면 된다. 즉, $\begin{bmatrix}3 & 0\\0 & 1\end{bmatrix}\begin{bmatrix}1 & 2\\3 & 4\end{bmatrix}=\begin{bmatrix}3 & 6\\3 & 4\end{bmatrix}$이다.

기본 행렬을 주어진 행렬의 좌측에 곱하는 것을 기본 행 연산(elementary row operations)이라고 한다.

과제 6.21 다음을 확인하여라.

가. 행렬 A에 기본 행 연산을 유한 번 시행하여 행렬 B를 얻었다면 다음이 성립한다.

$$B=E_s\cdots\ E_2E_1A$$

나. $C_{ij}^{-1}=C_{ij}$, $D_{ii}(a)^{-1}=D_{ii}(a^{-1})$, $E_{ij}(a)^{-1}=E_{ij}(-a)$.

이제 A의 역행렬이 존재한다면 A에 기본 행 연산 또는 기본 열 연산을 유한 번 시행하면 단위행렬 I를 얻을 수 있다. 즉, $E_kE_{k-1}E_{k-2}\cdots E_2E_1A=I$. 이제 양변 좌측에 차례로 기본행렬의 역행렬을 곱하여 다음을 알 수 있다.

$$E_{k-1}\cdot E_{k-2}\cdot \cdots \cdot E_2 E_1\cdot A=E_k^{-1}\cdot I$$
$$E_{k-2}\cdot \cdots \cdot E_2\cdot E_1\cdot A=E_{k-1}^{-1}\cdot E_k^{-1}\cdot I$$
$$\vdots$$
$$E_1\cdot A=E_2^{-1}\cdot \cdots \cdot E_{k-1}^{-1}\cdot E_k^{-1}\cdot I$$
$$A=E_1^{-1}\cdot E_2^{-1}\cdot \cdots \cdot E_{k-1}^{-1}\cdot E_k^{-1}\cdot I$$

역행렬

기본 행렬은 역행렬을 구하는 데 사용된다.

앞에서의 논의로부터 주어진 정칙행렬의 역행렬을 구하는 방법을 다음과 같이 요약할 수 있다.

가. 왼쪽에는 원래 행렬을 오른쪽에는 단위행렬을 쓴다.
나. 3개의 기본 행 연산을 적절히 적용하여 왼쪽에 쓴 원래의 행렬을 단위행렬로 점차 변형시킨다.
다. 오른쪽에도 왼쪽에 시행한 똑같은 행 연산을 적용한다.
라. 왼쪽 행렬이 단위행렬로 되었을 때의 오른쪽에 얻어진 행렬이 원래 행렬의 역행렬이 된다.

과제 6.22 가. 정칙행렬 $\begin{bmatrix} 2 & 3 \\ 1 & -1 \end{bmatrix}$의 역행렬을 구하는 다음 과정을 확인하여라.

$$\begin{array}{cc|cc} 2 & 3 & 1 & 0 \\ 1 & -1 & 0 & 1 \\ \hline 1 & -1 & 0 & 1 \\ 2 & 3 & 1 & 0 \\ \hline 1 & -1 & 0 & 1 \\ 0 & 5 & 1 & -2 \\ \hline 1 & -1 & 0 & 1 \\ 0 & 1 & \frac{1}{5} & \frac{-2}{5} \\ \hline 1 & 0 & \frac{1}{5} & \frac{3}{5} \\ 0 & 1 & \frac{1}{5} & \frac{-2}{5} \end{array}$$

나. 고등학교에서 정칙행렬 $\begin{bmatrix} 2 & 3 \\ 1 & -1 \end{bmatrix}$의 역행렬을 어떻게 구했는지 그 방법을 설명하여라.

행렬식

가. 행렬식의 정의

먼저 3차 행렬의 행렬식의 정의를 알아보자.

$X=\{1, 2, 3\}$이고 $S_3=\{f \mid f : X \to X$는 일대일 대응$\}$이라고 하자. 집합 S_3에 치환의 합성 연산이 잘 정의되어 S_3은 위수가 6

인 군이 된다.

$S_3=\{1, (12), (13), (23), (123), (132)\}$에서 (12), (13), 그리고 (23)와 같이 $X=\{1, 2, 3\}$의 두 원소만을 교환하는 치환을 호환(transposition)이라고 한다.

모든 치환은 호환의 곱으로 표현된다. 사실, 모든 치환은 짝수 개의 호환의 곱으로 표현되던가 홀수 개의 호환의 곱으로 표현되는데[1] 짝수 개의 호환의 곱으로 표현되는 치환을 우치환(even permutation)이라고 하고 홀수 개의 호환의 곱으로 표현되는 치환을 기치환(odd permutation)이라고 한다.

이상의 모든 논의는 집합 $X=\{1, 2, 3, \cdots, n\}$과 X 위에서의 치환 전체의 집합 $S_n=\{f \mid f : X \to X$는 일대일 대응$\}$인 경우에도 유효하다.

> **≪정의 6.23≫** 부호(sign) 함수는 다음과 같이 정의된다.
>
> $$\operatorname{sgn}(\sigma)=\begin{cases} 1, & \sigma\text{가 우치환인 경우} \\ -1, & \sigma\text{가 기치환인 경우} \end{cases}$$

이제, 행렬식을 정의할 수 있다.

---

1) 신현용(2006)에 증명이 있다.

≪**정의 6.24**≫ 행렬 $A=\begin{bmatrix} a_{11} & \cdots & a_{1n} \\ \vdots & & \vdots \\ a_{n1} & \cdots & a_{nn} \end{bmatrix}$의 행렬식을 다음과 같이 정의한다.

$$|A| = \sum_{\sigma \in S_n} \operatorname{sgn}(\sigma) a_{1\sigma(1)} a_{2\sigma(2)} \cdots a_{n\sigma(n)}$$

나. 행렬식의 계산

행렬식의 정의를 2차와 3차 행렬의 경우에 적용하면 Sarrus의 법칙을 얻는다.

과제 6.25 2차와 3차 행렬의 행렬식을 계산하는 Sarrus의 법칙은 무엇인가?

그러나 4차 이상의 행렬에 관해서는 행렬식의 정의 또는 행렬식의 성질을 이용하여 구해야 한다.

다. 행렬식의 여러 가지 성질

처음 두 정리의 증명은 참고자료로 제시하고, 나머지 정리의 증명은 처음 두 정리에 근거하여 간략히 설명할 수 있다.

≪**정의 6.26**≫ 행렬 $A=\begin{bmatrix} a_{11} & \cdots & a_{1n} \\ \vdots & & \vdots \\ a_{n1} & \cdots & a_{nn} \end{bmatrix}$가 주어졌다고 하자. 이제, 어떤 행렬의 (i, j) 성분이 a_{ji}인 행렬을 A의 전치행렬(transpose)이라고 하고 이 행렬을 A^T로 나타낸다.

위 정의에서, $A^T=\begin{bmatrix} a_{11} & \cdots & a_{n1} \\ \vdots & & \vdots \\ a_{1n} & \cdots & a_{nn} \end{bmatrix}$이다. 예를 들어, $B=\begin{bmatrix} 1 & 2 & 3 \\ 4 & 5 & 6 \\ 7 & 8 & 9 \end{bmatrix}$라고 하면 $B^T=\begin{bmatrix} 1 & 4 & 7 \\ 2 & 5 & 8 \\ 3 & 6 & 9 \end{bmatrix}$이다.

≪**정리 6.27**≫ $|A^T|=|A|$. 즉, 전치행렬의 행렬식과 원래행렬의 행렬식은 같다.

이 정리에 의하여 행렬식의 행에 대한 모든 성질은 열에 대해서도 성립한다는 것을 알 수 있다.

임의의 두 행렬 $A, B \in \mathrm{Mat}_n(\mathbb{R})$에 대하여 일반적으로 $|A+B|=|A|+|B|$가 성립하지 않는다. 그러나 곱셈의 경우는 다르다.

≪**정리 6.28**≫ 임의의 두 행렬 $A, B \in \mathrm{Mat}_n(\mathbb{R})$에 대하여 $|AB|=|A|\,|B|$이다.

과제 6.29 다음을 확인하여라.

$\mathrm{Mat}_n(\mathbb{R})$에서 역행렬을 가지는 행렬 전체의 집합을 $\mathrm{GL}_n(\mathbb{R})$이라고 하면 $\mathrm{GL}_n(\mathbb{R})$는 무한 비가환군이다. 이 군을 일반선형군(general linear group)라고 한다.

여인수 전개

일반적인 행렬의 행렬식을 구하는 것은 쉬운 일이 아니다. 다음 개념은 행렬식에 관한 더 많은 성질을 알게 한다.

≪**정의** 6.30≫ 행렬 $A=\begin{bmatrix} a_{11} & \cdots & a_{1n} \\ \vdots & & \vdots \\ a_{n1} & \cdots & a_{nn} \end{bmatrix}$에서 제$i$행과 제$j$열을 없애 얻은 행렬의 행렬식을 A의 a_{ij}에 관한 소행렬식(minor)이라 하고 이것을 M_{ij}로 나타낸다.

예를 들어, 행렬 $\begin{bmatrix} 1 & 2 & 3 \\ 4 & 5 & 6 \\ 7 & 8 & 9 \end{bmatrix}$에서 제1행, 제1열의 성분 1에 관한 소행렬식은 $M_{11} = \begin{vmatrix} 5 & 6 \\ 8 & 9 \end{vmatrix} = 45-48 =-3$이고, 제2행, 제3열의 성분 6에 관한 소행렬식은 $M_{23} = \begin{vmatrix} 1 & 2 \\ 7 & 8 \end{vmatrix} = 8-14 =-6$이다.

한편, 행렬 $A \in Mat_n(\mathbb{R})$에서는 n^2개의 소행렬식을 생각할 수 있다.

$n!$개의 항 중에서 a_{11}, a_{12}, $\cdots$, a_{1n}을 포함하는 항은 각각 몇 개일까? a_{11}을 포함하는 항은 $\sigma(1)=1$인 경우이다. 또, a_{12}을 포함하는 항은 $\sigma(1)=2$인 경우이다. 그러므로 $n!$의 항 중에서 a_{11}, a_{12}, $\cdots$, a_{1n}을 포함하는 항은 각각 $(n-1)!$개다. 이 사실로부터 다음을 알 수 있다.

$$|A|=a_{i1}A_{i1}+a_{i2}A_{i2}+\cdots+a_{ij}A_{ij}+\cdots+a_{in}A_{in}$$

이 식을 $|A|$의 제i행에 관한 여인수 전개식이라 하고, 이 전개식에서 A_{ij}를 $|A|$에서의 a_{ij}의 여인수(cofacor)라고 한다.

여인수 전개는 행렬식 계산에 유용하게 활용된다. 특히 0이 많은 행이 있으면 그 행에 관하여 여인수 전개함으로 행렬식을 쉽게 구할 수 있다.

일반적으로 여인수와 소행렬식의 관계는 다음과 같다.

≪정리 6.31≫ 임의의 행렬 $A\in \text{Mat}_n(\mathbb{R})$에 대하여, $A_{ij}=(-1)^{i+j}M_{ij}$이다.

과제 6.32 다음을 확인하여라.

가. 여인수 전개는 임의의 열에 대해서도 가능하다.

나. 삼각행렬의 행렬식은 주대각선 위에 있는 성분의 곱이다. 사실,

$$|A| = \begin{vmatrix} a_{11} & a_{12} \cdots & a_{1n} \\ 0 & a_{22} \cdots & a_{2n} \\ \vdots & \ddots & \vdots \\ 0 & \cdots \cdots & a_{nn} \end{vmatrix} = a_{nn} \begin{vmatrix} a_1 & \cdots & a_{1n-1} \\ \vdots & & \vdots \\ 0 & \cdots & a_{n-1n-1} \end{vmatrix}$$

$$= \cdots$$

$$\cdot$$

$$\cdot$$

$$\cdot$$

$$= a_{nn} a_{(n-1)(n-1)} \cdots\cdots\cdots a_{22} a_{11}$$

즉, $|A| = a_{11} a_{22} \cdots a_{nn}$.

다. 단위 행렬의 행렬식은 1이다. 즉, $|I_n| = 1$이다.

이제, 행렬식을 이용하여 정칙행렬의 역행렬을 구하는 방법을 알아보자.

≪**정의 6.33**≫ 가. 임의의 행렬 $A = \begin{bmatrix} a_{11} & \cdots & a_{1n} \\ \vdots & & \vdots \\ a_{n1} & \cdots & a_{nn} \end{bmatrix}$의 성분 a_{ij}의 여인수 A_{ij}를 (i, j)성분으로 가지는 행렬을 A의 여인수 행렬(cofactor matrix)이라고 한다.

나. A의 여인수 행렬의 전치행렬을 A의 수반행렬(adjoint)이라고 하고, adj A로 나타낸다.

과제 6.34 가. $A=\begin{bmatrix}1 & 2\\3 & 4\end{bmatrix}$의 수반행렬을 구하여라.

나. $B=\begin{bmatrix}1 & 1 & 0\\0 & 1 & 1\\1 & 0 & 1\end{bmatrix}$의 수반행렬을 구하여라.

다. 위의 두 행렬에 대하여 다음을 확인하여라.

(1) $A(\text{adj } A)=(\text{adj } A)A$

(2) $B(\text{adj } B)=(\text{adj } B)B$

일반적으로 다음이 성립한다.

≪**정리 6.35**≫ 임의의 행렬 $A\in \text{Mat}_n(\mathbb{R})$에 대하여, 다음이 성립한다.

$$A(\text{adj } A)=(\text{adj } A)A=|A|I.$$

위 정리로부터 정칙행렬의 역행렬을 구할 수 있다. 즉, $|A|\neq 0$이면, $A\left(\frac{1}{|A|}\text{adj } A\right)=\left(\frac{1}{|A|}\text{adj } A\right)A=I$이므로 $A^{-1}=\frac{1}{|A|}\text{adj } A$임을 알 수 있다.

여인수 전개의 성질을 이용하면 행렬식의 계산을 쉽게 할 수도 있고, 정칙행렬의 역행렬도 구할 수 있다. 이제, 여인수 전개의 성질을 이용하여 일차 연립방정식을 다음과 같이 풀 수도 있다.

≪정리 6.35≫ (Cramer의 공식)
체 F 위의 n개의 미지수 x_1, x_2, $\cdots$, x_n에 관한 n개의 일차방정식으로 이루어진 연립일차방정식

$$\begin{cases} a_{11}x_1 + a_{12}x_2 + \cdots + a_{1n}x_n = b_1 \\ a_{21}x_1 + a_{22}x_2 + \cdots + a_{2n}x_n = b_2 \\ \cdots\cdots\cdots\cdots\cdots\cdots\cdots\cdots\cdots \\ a_{n1}x_1 + a_{n2}x_2 + \cdots + a_{nn}x_n = b_n \end{cases}$$

에서, 계수행렬 $A = [a_{ij}]_{n \times n}$가 정칙행렬일 때, 즉 $|A| \neq 0$일 때, 이 연립일차방정식은 단 한 개의 해를 가지며 그 해는 다음 식으로 주어진다.

$$x_i = \begin{vmatrix} a_{11} & a_{12} & \cdots & b_1 & \cdots & a_{1n} \\ a_{21} & a_{22} & \cdots & b_2 & \cdots & a_{2n} \\ \vdots & \vdots & \vdots & \vdots & \vdots & \vdots \\ a_{n1} & a_{n2} & \cdots & b_n & \cdots & a_{nn} \end{vmatrix} \Bigg/ \begin{vmatrix} a_{11} & a_{12} & \cdots & a_{1i} & \cdots & a_{1n} \\ a_{21} & a_{22} & \cdots & a_{2i} & \cdots & a_{2n} \\ \vdots & \vdots & \vdots & \vdots & \vdots & \vdots \\ a_{n1} & a_{n2} & \cdots & a_{ni} & \cdots & a_{nn} \end{vmatrix}$$

여기서, $1 \leq i \leq n$이다. 여기서 x_i의 분자는 A의 i번째 열이 $[b_1, b_2, \cdots, b_n]^T$으로 대체된 것이다.

2. 행렬과 행렬식은 대수학은 물론 수학의 모든 분야에서 중요하다. 앞에서 정사각행렬이 역행렬을 가지기 위한 필요충분조건은 그 행렬의 행렬식이 0이 아닌 것임을 언급하였다. 행렬식 응용의 한 가지 예를 살펴보자.

세 점 $O(0, 0)$, $A(x_1, y_1)$, $B(x_2, y_2)$을 꼭지점으로 이루어지는 삼각형의 넓이는 $S=\frac{1}{2}\begin{vmatrix} x_1 & y_1 \\ x_2 & y_2 \end{vmatrix}$과 같이 주어진다. 사실,

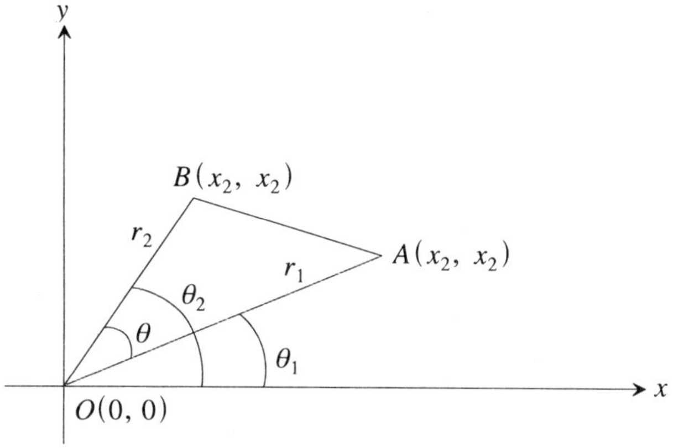

위 그림에서 삼각형 OAB의 넓이는 다음과 같음을 알 수 있다.

$$S=\frac{1}{2}r_1r_2\sin\theta$$

$$=\frac{1}{2}r_1r_2\sin(\theta_2-\theta_1)$$

$$=\frac{1}{2}r_1r_2(\sin\theta_2\cos\theta_1-\cos\theta_2\sin\theta_1)$$

$$=\frac{1}{2}(x_1y_2-x_2x_1)$$

$$=\frac{1}{2}\begin{vmatrix} 0 & 0 & 1 \\ x_1 & y_1 & 1 \\ x_2 & y_2 & 1 \end{vmatrix}$$

$$= \frac{1}{2} \begin{vmatrix} x_1 & y_1 \\ x_2 & y_2 \end{vmatrix}$$

3. 정보 사회에서 정보의 보호와 정보의 효율적인 통신은 중요한 문제이다. 암호학과 부호이론은 응용대수학의 주요 영역으로서 암호학은 정보보호의 문제를 주로 다루고, 부호이론은 정보통신의 문제를 주로 다룬다. 한편, 암호학에서 정수론이 중요한 역할을 하듯이 부호이론에서는 선형대수학이 중요한 역할을 한다.

이진부호의 경우 수 0과 1이 통신로를 통하여 전달될 때에 1과 0으로 잘못 전달되어 오류가 발생할 확률은 일반적으로 $\frac{1}{2}$보다 훨씬 작지만 0은 아니다. 즉, 오류가 발생할 가능성은 항상 있기 때문에 다량의 정보를 통신할 때에는 오류를 탐지하고 더 나아가 수정할 수 있는 기능이 요구된다. 부호이론에서는 0과 1이 각각 1과 0으로 잘못 전달될 확률이 같은 대칭통신로(symmetric channel)를 전제한다.

먼저, '예'와 '아니오'를 한 비트(bit) 부호를 사용하여 '1'과 '0'으로 각각 통신한다고 하자. 최소한의 비트를 사용하기 때문에 경제적으로는 효과적이라고 할 수 있지만 오류가 발생하였을 경우에는 수정은 물론 탐지할 수조차 없다.

이제, '예'와 '아니오'를 두 비트를 사용하여 '11'과 '00'으로 각각 통신한다고 하면 경비와 시간이 더 소요되지만 한 비트의 오류가 발생하였을 경우 오류 발생 사실을 알 수 있다. 그러나 발생한 오류를 수정할 수는 없다.

마지막으로, '예'와 '아니오'를 세 비트 '111'과 '000'으로 각각 통신한다고 하면 경비와 시간이 더욱 더 소요되지만 두 비트까지의 오류가 발생하였을 경우 오류 발생 사실을 알 수 있고, 한 비트에서만 오류가 발생하였다면 그 오류를 수정하는 것이 가능하다. 이 때, 오류탐지(error detection)와 오류수정(error correction)은 확률론적 판단에 근거한다는 사실을 주목할 필요가 있다.

이상으로부터 부호의 오류탐지나 오류수정의 능력은 부호의 길이 등과 관련되는데 이에 관한 정확한 분석은 벡터공간의 대수적 구조에 의한다.

***과제 6.37** '자료 : 대수학과 정보통신'을 참고하여 벡터공간의 개념이 오류 탐지와 수정, 그리고 부호화(encode)와 복호화(decode) 등에 어떻게 이용되는지 조사하여라.

VII

마무리

복 습

초등학교 교사에게 수학(특히, 대수학)에 대한 깊이 있는 이해는 중요하다고 할 수 있다. 초등학교 수학의 대부분의 내용이 대수학과 관련되기 때문이다. 그러나 대수학의 방대한 범위와 깊이로 인하여 초등학교 교사에게 적절한 한 학기용의 교재를 개발한다는 것은 결코 쉬운 일이 아니다.

중등학교 교사를 위한 대수학이 따로 있고 초등학교 교사를 위한 대수학이 따로 있는 것은 아니지만 그 두 경우에는 대수학 자체와는 무관한 여러 가지 현실적인 차이가 있다. 예를 들어, 대수학과 관련하여 개설되는 강좌의 수는 물론, 논의하는 내용의 범위와 수준도 다르다. 이 책은 초등학교 교사에게 필요하다고 생각되는 내용을 적절한 수준으로 한 학기 강의 분량으로 제시한 시도이다. 내용의 범위와 수준(깊이)은 저자의 주관적인 판단에 따라 정하였다.

수학의 실용성 측면에서 대수학을 논의할 때 '응용대수학'을 언급하는 것이 필요하다고 할 수 있다. 실제로 중등학교 수학 (예비)교사에게 정보보호학(암호학)이나 정보통신이론(부호이론) 등의 응용대수학적 내용을 소개하는 것이 일반적인 추세라고 할 수 있다. 그러나 이 책은 응용대수학을 체계적으로 소개할 수 있을 정도의 대수학(특히, 정수론과 선형대수학)을 소개하지 않았다. 따라서 간단한 설명과 예 외에는 적절한 참고 문헌이나 웹 사이트를 소개하는 것으로 만족하였다.

아래에 제시되는 여러 문항들을 통하여 이 책에서 논의한 수학적 내용은 물론 학교 수학과의 연계를 살필 수 있을 것이다.

평가 문항 I

이 책에서 논의한 내용에 관하여 다양한 형태의 문제가 가능하다. 교과 내용 자체에 대한 이해는 물론이지만 학교수학이나 실생활과 연계된 문제도 해결할 수 있어야 한다.

1. 주어진 주제에 대하여 종합적인 이해를 한다.

가. 다음 용어를 모두 사용하여 작문하여라.

(1) 수리논리, 명제의 정당화, 결합자, 부정, 논리곱, 논리합, 조건부, 쌍조건부, 한정기호, 전칭기호, 존재기호

(2) 반사율, 대칭률, 반대칭률, 추이율, 동치관계, 반순서관계

(3) $\mathbb{Z}$, 법 5, 동치 관계, 동치류, 분할, $\mathbb{Z}_5$

(4) 일차방정식, 일차부정방정식, 디오판투스 방정식, 일차

합동식, 해의 존재성, 해의 개수, 해의 형태

(5) 대수적 구조, 군, 환, 벡터공간, 집합, 부분집합, 부분구조, 부분군, 부분환, 부분공간

(6) 군, 부분군, 동치관계, 라그랑쥬 정리

(7) 집합의 비교, 함수, 일대일대응, 대등한 집합, 대수적 구조의 비교, 군준동형사상, 환준동형사상, 선형사상, 동형사상, 동형구조

(8) 군준동형사상 $f: G \rightarrow H$, Ker f, Im f, 군준동형사상이 단사(일대일)이기 위한 필요충분조건, 군준동형사상이 전사(위로의)이기 위한 필요충분조건

나. 다음에 관하여 설명하여라.

(1) 결합자(connective), 부정(negation), 논리곱(합접, conjunction), 논리합(이접, disjunction), 조건부(conditional), 쌍조건부(biconditional), 한정기호(quantifier), 전칭기호(universal quantifier), 존재기호(existential quantifier)

(2) 주어진 자연수가 9의 배수이기 위한 필요충분조건

(3) 소인수 분해를 이용한 약수의 개수와 약수의 총합

(4) 합동식 $ax \equiv b \pmod m$의 풀이와 일차부정방정식 $ax + my = b$의 풀이 상호 관계

(5) 행렬식의 정의와 Sarrus 법칙

(6) 역행렬을 구하는 방법 두 가지

(7) 부분군의 판별, 부분환의 판별, 부분공간의 판별

다. 주어진 자연수가 3의 배수이기 필요충분조건을 제시하고 합동식의 개념을 이용하여 그 원리를 설명하여라.

라. 두 정수의 최대공약수를 구할 때 유용하게 활용할 수 있는

유클리드 알고리즘의 타당성을 설명하여라.

마. 두 미지수 x, y에 관한 일차부정방정식 $ax+by=c(a\neq 0$ 또는 $b\neq 0)$에서 $d=(a, b)$라고 할 때, 이 방정식이 정수해를 가지기 위한 필요충분조건은 무엇이며 $x=x_0$, $y=y_0$를 이 방정식의 특수해라고 하면 이 방정식의 일반해는 어떻게 주어지는가?

2. 구체적인 문제를 해결할 수 있다.

가. 다음 합동식 또는 부정방정식을 풀어라.

(1) $2x\equiv 6 \pmod 4$

(2) $\begin{cases} x\equiv 2 \pmod 3 \\ x\equiv 3 \pmod 5 \end{cases}$

(3) $6x+27y=3$

나. 위수가 2, 3, 4인 군은 각각 무엇인가?

다. $\begin{bmatrix} 1 & 2 \\ 3 & 4 \end{bmatrix}$의 역행렬을 두 가지 방법으로 구하여라.

라. 벡터공간의 대표적인 예 두 개를 들고 합성연산과 스칼라배가 무엇인지 설명하여라.

마. 군준동형사상, 환준동형사상, 선형사상을 정의하고 각각의 예를 하나씩 제시하여라.

바. 위수(원소의 개수)가 6인 비가환군의 예를 제시하고 자세히 설명하여라.

사. 비가환 무한환의 예를 제시하고 자세히 설명하여라.

3. 중요하고 기초적인 정리를 증명할 수 있다.

가. 다음을 증명하여라.

(1) 두 환 $(R, +, \cdot)$, $(R', +, \cdot)$에 대하여 함수 $f : R \to R'$가 환준동형사상이면 다음이 성립한다.

(가) $f(0)=0'$.

(나) 임의의 $a \in R$에 대하여 $f(-a)=-f(a)$이다.

(다) f가 일대일이기 위한 필요충분조건은 $\text{Ker } f=0$이다.

(2) 두 정수 a, b에 대하여, $a\mathbb{Z}+b\mathbb{Z}=(a, b)\mathbb{Z}$이다. 여기서 d는 a와 b의 최대공약수를 나타낸다.

(3) 임의의 세 명제 p, q, r에 대하여 다음을 증명하여라.

(가) $(p \to q) \wedge (q \to r) \Rightarrow (p \to r)$

(나) $p \to q \equiv \sim q \to \sim p$

(다) $\sim(p \vee q) \equiv \sim p \wedge \sim q$

(4) 집합 A에 연산 $\cdot$가 정의되고 그 연산에 관하여 항등원이 있고 결합 법칙이 성립한다고 하자. 원소 $a \in A$의 역원이 있으면 그 역원은 유일하다.

(5) 임의의 $a, b \in \mathbb{Z}$에 대하여 $a\mathbb{Z} \cap b\mathbb{Z}=l\mathbb{Z}$이다. 여기서 l은 a, b의 최소공배수를 나타낸다.

(6) n이 주어진 양수이고, a, b, c, d가 임의의 정수라고 하면 다음이 성립한다. $a \equiv b \pmod{n}$이고 $c \equiv d \pmod{n}$이면 $a+c \equiv b+d \pmod{n}$이고 $ac \equiv bd \pmod{n}$이다.

(7) 군 G에 대하여 G가 가환군이기 위한 필요충분조건은 임의의 $x, y \in G$에 대하여 $(xy)^{-1}=x^{-1}y^{-1}$인 것이다.

(8) 환 $(R, +, \cdot)$와 임의의 $x \in R$에 대하여 $x \cdot 0=0 \cdot x=0$

이다.

(9) 환 $(R, +, \cdot)$의 부분집합 $S(\neq \varnothing)$가 환 R의 부분환이 되기 위한 필요충분조건은 다음 두 조건을 만족시키는 것이다.

(가) $x, y \in S \Rightarrow x-y \in S$

(나) $x, y \in S \Rightarrow x \cdot y \in S$

(10) 두 군 G, H에 대한 군준동형사상 $f : G \to H$가 일대일이기 위한 필요충분조건은 $\mathrm{Ker}\, f=\{e\}$이다.

(11) 군의 단위원은 유일하다.

(12) G가 군이고 x가 G의 한 원소일 때, x의 역원은 유일하다.

(13) G가 군이고 x가 G의 한 원소일 때, 다음 두 집합을 생각하자.

$$G^{-1}=\{g^{-1} \mid g \in G\}, \ xG=\{xg \mid g \in G\}.$$

다음이 성립한다 : $G^{-1}=G$, $xG=G$.

나. 다음 물음에 답하여라.

(1) 일차부정방정식의 해에 관한 정리를 기술하고 증명하여라.

(2) 일차합동식의 해에 관한 정리를 기술하고 증명하여라.

(3) 합동식 $ax \equiv b \pmod{m}$의 풀이에 관한 정리를 기술하고 증명하여라.

(4) 라그랑쥬 정리를 기술하고 증명하여라.

4. 학습내용과 실생활 또는 학교수학과의 관련성을 이해한다.

가. 대수적 구조 개념을 초등학교 수학과 연계시킬 수 있는 방안을 제시하여라.

나. 대수적 부분구조 개념을 초등학교 수학과 연계시킬 수 있는 방안을 제시하여라.

다. 사다리타기 게임 원리를 수학적으로 설명하여라.

라. 세 수 12, 30, 70의 최소공배수를 구할 때 다음과 같이 하면 왜 옳지 않은지 설명하여라.

$$\begin{array}{r|lll} 10 & 12 & 30 & 70 \\ \hline & 12 & 3 & 7 \end{array}$$

$$\downarrow$$

$$\begin{array}{r|lll} 3 & 12 & 3 & 7 \\ \hline & 4 & 1 & 7 \end{array}$$

따라서 12, 30, 70의 최소공배수는 $10\times3\times4\times7=840$이다.

평가 문항 Ⅱ

이 강좌는 학교 수학과 긴밀히 연계를 꾀하였다. 다음 문항은 그러한 연계성에 관한 것이다. 각 문항에는 '모르겠다'가 아닌 정답이 있다. '모르겠다'의 경우에는 적절한 참고서를 통하여 정답을 찾을 수 있도록 하여라.

1. 일차 방정식 '$x+3+x=2+3$'의 풀이 과정에서 필요한 개념이나 성질이 아닌 것은?

가. 항등원

나. 역원

다. 교환법칙

라. 대수학의 기본 정리(Fundamental Theorem of Algebra)

마. 모르겠다.

2. 일반적으로 '아름다운 꽃들의 모임은 집합이 아니다'라고 한다. 이 주장과 가장 관계 깊은 개념은?

가. 연속체 가설 나. 선택공리

다. 러셀의 역설 라. 공집합

마. 모르겠다.

3. 공집합은 모든 집합의 부분집합이다. 이 주장과 가장 관계 깊은 것은?

가. 조건명제의 참과 거짓 나. 대우명제의 참과 거짓

다. 역명제의 참과 거짓 라. 항진명제의 뜻

마. 모르겠다.

4. 행렬 $A=\begin{bmatrix} a_{11} & a_{12} \\ a_{21} & a_{22} \end{bmatrix}$의 행렬식 $|A|$를 다음과 같이 정의한다.

$$|A|=a_{11}a_{22}-a_{12}a_{21}.$$

이 행렬식의 정의 과정과 관계가 가장 적은 것은?

가. 우치환(even permutation) 나. 기치환(odd permutation)
다. 부호(sign) 함수 라. 벡터공간(vector space)
마. 모르겠다.

5. 주어진 자연수가 9의 배수인지 아닌지를 판정할 때 활용되는 개념으로 가장 적절한 것은?

가. 최소공배수 나. 최대공약수
다. 소수(素數, prime number) 라. 합동식
마. 모르겠다.

6. 무리수 $\frac{1}{1+\sqrt{2}}$ 은 분모의 유리화 과정을 통하여 다음 집합의 원소임을 알 수 있다 : $\mathbb{Q}(\sqrt{2})=\{a+b\sqrt{2} \mid a, b\in\mathbb{Q}\}$.
다음 중 분모의 유리화와 가장 관계 깊은 수학적 개념은?

가. 조밀성(density) 나. 연속성(continuity)
다. 체(field) 라. 수렴성(convergency)
마. 모르겠다.

7. 일반적으로 '최소공약수'는 정의하지 않는다. 그 까닭을 가장 잘 설명한 것은?

가. 모순을 유발한다.
나. 수학적 의미가 별로 없다.
다. 난해하다.
라. 유일하게(일의적으로) 정의되지 않는다.
마. 모르겠다.

8. 명제 '0!=1'에 관한 다음 설명 중 가장 적절한 것은?

가. 단순히 약속이다.

나. 증명할 수 있다.

다. '0!=0'이라고 약속하는 경우도 있다.

라. '0!=0'임을 증명할 수도 있다.

마. 모르겠다.

9. '$ax=b$'와 같은 모양의 방정식에서 $a=0$이고 $b=0$이면 해는 무수히 많으나, $a=0$이지만 $b\neq0$이면 해는 존재하지 않는다. 그러나 $a\neq0$인 경우에는 b의 값에 무관하게 유일한 해 $a^{-1}b=\dfrac{b}{a}$를 가진다. 이 경우, 해의 존재성과 유일성에 관한한 a의 값이 중요한 역할을 한다는 사실을 알 수 있다. 이제, 미지수가 두 개인 일차방정식 두 개로 이루어진 일차연립방정식은 $AX=B$와 같은 모양의 행렬 표현이 가능하다. 여기서 A는 2×2행렬이고, X와 B는 2×1행렬이다. 이 연립방정식의 해에 관하여, '$ax=b$'와 같은 모양의 방정식의 경우와 비슷한 사실을 알 수 있다. 이 연립방정식 $AX=B$의 해의 존재성과 유일성에 관하여 가장 중요한 역할을 하는, 행렬 A에 관한 개념은?

가. 행렬식(determinant)

나. 트레이스(trace)

다. 고유치(eigenvalue)

라. 고유벡터(eigenvector)

마. 모르겠다.

10. '$ax=b$'와 같은 모양의 방정식에서 $a=0$이고 $b=0$이면 해는 무수히 많으나, $a=0$이지만 $b\neq0$이면 해는 존재하지 않는

다. 그러나 $a \neq 0$인 경우에는 b의 값에 무관하게 유일한 해 $a^{-1}b = \frac{b}{a}$를 가진다. 이 경우, 해의 존재성과 유일성에 관한 한 a의 값이 중요한 역할을 한다는 사실을 알 수 있다. 이제, 자연수 n을 법(modulus)으로 하는 일차 합동식 $ax \equiv b \pmod{n}$의 해의 존재성과 개수에 관하여 가장 중요한 역할을 하는 것은?

가. a와 n의 최대공약수

나. b와 n의 최대공약수

다. a와 b의 최대공약수

라. 세 수 a, b, 그리고 n의 최대공약수

마. 모르겠다.

11. 다음과 같이 무수히 많은 항을 더할 때 아무런 제약 조건 없이 적용할 수 있는 대수적 성질이나 개념은?

$$1+(-1)+1+(-1)+1+(-1)+1+(-1)+\cdots$$

가. 교환법칙　　나. 결합법칙

다. 분배법칙　　라. 항등원

마. 모르겠다.

12. 좌표 평면 위에 세 점의 좌표가 주어졌다고 하자. 이 세 점을 꼭지점으로 하는 삼각형의 넓이를 간단한 공식으로 나타내려고 한다. 이 때 가장 유용한 개념이나 성질은?

가. 행렬식　　나. 판별식

다. 고유다항식　　라. 대칭식

마. 모르겠다.

13. 유한 집합 X의 원소의 개수가 n이면 X의 부분집합 전체의 개수는 2^n이다. 이 사실을 설명하는 과정과 관계가 가장 적은 것은?

가. 함수의 개수

나. 경우의 수

다. 지수의 법칙

라. 공집합은 X의 부분집합이다.

마. 모르겠다.

14. 세 수 12, 30, 70의 최소공배수를 구하기 위하여 다음과 같은 과정을 거쳤다.

2	12	30	70
	6	15	35

↓

3	6	15	35
	2	5	35

↓

5	2	5	35
	2	1	7

첫 단계에서는 세 수 모두의 약수인 2를 사용하였고, 두 번째 단계와 세 번째 단계에서는 두 수만의 약수인 3과 5를 각각 사용했다. 이 과정에 관한 설명 중에서 가장 적절한 것은?

가. 위 과정은 옳지 않다.

나. 네 개 이상의 수의 최소공배수를 구할 때에도 두 개 이상의 수의 공약수 모두의 경우에 대해서 꼭 위와 같은 과정을 거쳐야 한다.

다. 네 개 이상의 수의 최소공배수를 구할 때에는 세 개 이상의 수의 공약수에 대해서만 위와 같은 과정을 거쳐도 옳은 답을 얻게 된다.

라. 모르겠다.

15. 다음 중에서 나눗셈이 잘 정의되는 집합의 개수는?

$\mathbb{Q}$(유리수 전체의 집합), $\mathbb{R}$(실수 전체의 집합), $\mathbb{Q}^* = \mathbb{Q} - \{0\}$

가. 없다　　나. 1개

다. 2개　　라. 3개

마. 모르겠다.

16. 식 $101_{(2)} + 101_{(5)}$에 관한 설명 중에서 옳은 것은?

가. 진법이 다르므로 계산할 수 없다.

나. 진법이 다르지만 계산할 수 있다.

다. 모르겠다.

17. 진법에 관한 다음 설명 중에서 옳은 것은 모두 고르면?

> (1) 십진법으로 표현된 자연수만 이진법으로 나타낼 수 있다.
>
> (2) 십진법으로 표현된 분수 $\frac{1}{3}$은 이진법으로 나타낼 수 없다.
>
> (3) 십진법으로 표현된 분수 $\frac{1}{5}$을 이진법으로 나타내면 무한 소수(小數)가 된다.
>
> (4) 십진법으로 표현된 분수 $\frac{1}{2}$을 이진법으로 나타내면 무한 소수(小數)가 된다.

가. (1)과 (2)　　나. (3)과 (4)

다. (3)　　라. (4)

마. 모르겠다.

18. 다음 문제를 푸는데 유용한 정리는?

> 5로 나누면 나머지가 1, 7로 나누면 나머지가 3, 11로 나누면 나머지가 5인 자연수 중에서 가장 작은 수를 구하여라.

가. 소수 정리　　나. 인수 정리

다. 중국인의 나머지 정리　　라. 대수학의 기본 정리

마. 모르겠다.

19. 다음 주장을 증명하고자 할 때 가장 유용한 것은?

임의의 두 실수 x, y에 대하여, $xy=0$이면 $x=0$ 또는 $y=0$ 이다.

가. 세 명제 p, q, r에 대하여 $(p \to q) \wedge (q \to r)$이면 $p \to r$ 이다.

나. 명제 p가 거짓이면 명제 $p \to q$는 참이다.

다. 세 명제 p, q, r에 대하여 $p \to (q \vee r) \equiv (p \wedge \sim q) \to r$.

라. 수학적 귀납법

마. 모르겠다.

20. 어떤 명제 p가 성립하기 위한 필요조건은 '$x \geq 0$'이고, 어떤 명제 q가 성립하기 위한 충분조건은 '$y<0$'이다. 참인 명제는?

가. p가 성립하지 않으면 $x<0$이다.

나. q가 성립하면 $y<0$이다.

다. $x<0$이면 p는 성립하지 않는다.

라. $y \geq 0$이면 q가 성립하지 않는다.

마. 모르겠다.

21. 명제 '$2^0=1$'에 관한 설명 중 가장 적절한 것은?

가. 단순히 약속이다.

나. 증명할 수 있다.

다. '$2^0=0$'이라고 약속하는 경우도 있다.

라. '$2^0=0$'임을 증명할 수도 있다.

마. 모르겠다.

22. '0^0'의 값에 관한 설명 중 가장 적절한 것은?

가. 0이다.

나. 1이다.

다. 특정한 값으로 정의하면 불편하고 수학적으로 얻는 득이 많지 않으므로 일반적으로 정의하지 않는다.

라. 모르겠다.

23. '연산(operation)'과 관계가 가장 깊은 수학 분야는?

가. 기하학

나. 위상수학

다. 해석학

라. 대수학

마. 모르겠다.

24. 다음 중 옳은 주장은?

(1) 복소수 전체의 집합에 정의된 뺄셈은 교환법칙과 결합법칙을 만족시킨다.

(2) 나눗셈은 정수 전체의 집합에서는 잘 정의되지 아니하지만 유리수 전체의 집합에서는 잘 정의된다.

(3) 실수 전체의 집합에서는 덧셈, 뺄셈, 곱셈, 나눗셈이 모두 잘 정의된다.

가. (1)

나. (2)

다. (3)

라. 없다

마. 모르겠다.

25. 정수환 $\mathbb{Z}$, 잉여류환 $\mathbb{Z}_6$, 또는 $\mathbb{Z}_7$ 중 다음 주장이 성립하지 않는 환은?

$xy=0$이면 $x=0$ 또는 $y=0$이다.

가. $\mathbb{Z}$　　나. $\mathbb{Z}_6$

다. $\mathbb{Z}_7$　　라. 없다.

마. 모르겠다.

26. 정수환 $\mathbb{Z}$, 잉여류환 $\mathbb{Z}_6$, 또는 $\mathbb{Z}_7$ 중 다음 계산이 가능한 환은?

$\frac{1}{2}+\frac{1}{3}$

가. $\mathbb{Z}$　　나. $\mathbb{Z}_6$

다. $\mathbb{Z}_7$　　라. 없다.

마. 모르겠다.

과제와 평가 문항의 일부에 관한 해답 또는 힌트

제 I 장

과제 1.1 자연수 전체의 집합 $\mathbb{N}$에서 일반적인 대소관계 $\leq$을 생각하자. 집합 $\mathbb{N}$의 부분집합 S에 대하여 $S \neq \varnothing$이면 S는 최소 자연수를 가진다. 사실, 정수의 정렬성은 자연수 집합에 관한 것이다.

과제 1.2 (1) 임의의 두 실수 $r,\ s \in \mathbb{R}$에 대하여 $r \neq s$이면 이들 사이에 유리수가 있다. 이로부터 임의의 서로 다른 두 유리수 사이에 또 다른 유리수가 있음을 알 수 있다.

*(2) 다음 수열을 생각하자.

$$1,\ 1+\frac{1}{1},\ 1+\cfrac{1}{1+\cfrac{1}{1}},\ 1+\cfrac{1}{1+\cfrac{1}{1+\cfrac{1}{1}}},\ \cdots$$

각 항은 모두 유리수이지만 이 수열은 유리수가 아닌 $\dfrac{1+\sqrt{5}}{2}$로 수렴한다. 따라서 $\mathbb{Q}$는 완비되지 않았다.

*과제 1.3 자연수, 정수, 유리수, 실수, 복소수 등의 수 체계를 생각할 수 있다. 수 체계는 집합론적 성질, 대수적 성질, 위상적 성질 등의 관점에서 살펴볼 수 있다. 물건의 개수나 순서를 나타내기 위하여 자연수가 생겼다고 볼 수 있다. 그러나 여러 필요성에 따라 수의 개념을 확장해서 정수, 유리수, 실수 복소수가 도입되게 되었다. 이 중에서 유리수까지는 덧셈, 뺄셈, 곱셈, 그리고 나눗셈과 관련하여 비교적 자연스럽게 확장될 수 있다. 그러나 유리수 체계에서의 실수 체계로의 확장은 연속성을 고려하는 등 다소 복잡하다. 사실, 실수의 도입은 Dedekind의 절단(cut)에 의한 방법과 Cantor의 기본열(fundamental sequence)에 의한다. 한편, 실수 체계는 완비성(completeness)을 가지는 등 유용하지만, 방정식 $x^2+1=0$은 실수 체계 안에서 근을 갖지 않는다. 그러나 실수 체계를 복소수 체계로 확장함으로 이 문제를 해결할 수 있다. 사실, $x-2=1$의 근은 자연수이지만 $x+2=1$의 근은 자연수가 아니다. $3x+2=1$의 근은 정수가 아닌 유리수이지만 $x^2-2=1$의 근은 유리수가 아니다. 이제 임의의 복소수 계수 다항식의 근의 존재를 보장하기 위하여 복소수보다 더 큰 수의 집합을 생각해야 하지 않을까? '대수학의 기본 정리(fundamental theorem of algebra)'는 그럴 필요가 없음을 주장한다. 즉, 임의의 복소수 계수 다항식의 근은 복소수이다. 이런 의미에서 복소수 전체의 집합은 '대수적으로 닫혀있다(algebraically closed)'고 한다. 같은 의미로 '복소수 전체의 집합 $\mathbb{C}$는 대수적 폐체(algebraically closed field)'라고 한다.

제Ⅱ장

복 습

4. 대수학에서는 집합과 거기에 정의된 연산에 관하여 주로 논의한다. 수학의 다른 영역에서도 마찬가지이지만 대수학에서도 집합론에서 논의되는 동치관계나 함수 등이 기본적인 역할을 한다. 한편, 대수학으로서 대수적 선형구조를 논의하는 선형대수학, 자연수를 중심으로 정수의 성질을 논의하는 정수론, 일반화되고 추상화된 대수적 구조를 논의하는 현대(추상)대수학, 그리고 정보통신이나 정보보호를 논의하는 응용대수학(부호이론, 암호학) 등을 들 수 있다.

과제 2.1 가. (1) 부정

명제 p에 대하여 'p가 아니다'를 $\sim p$로 나타내고 이를 p의 부정(negation)이라고 한다. p가 참이면 $\sim p$는 거짓이고, p가 거짓이면 $\sim p$는 참으로 정한다. 이것을 표로 나타내면 다음과 같고 이러한 표를 진리표(truth table)라고 한다.

p	$\sim p$
T	F
F	T

(2) 논리곱

두 명제가 '그리고'로 연결된 합성명제를 논리곱(logical

product) 또는 합접(conjunction)이라고 한다. p와 q의 두 명제의 논리곱은 $p \wedge q$로 나타낸다. $p \wedge q$의 진리값은 p, q가 모두 참일 때만 참이고, 그 외의 경우는 모두 거짓으로 정한다.

p	q	$p \wedge q$
T	T	T
T	F	F
F	T	F
F	F	F

(3) 논리합

두 명제가 '또는'으로 연결된 합성명제를 논리합(logical sum) 또는 이접(disjunction)이라고 한다. p와 q의 두 명제의 논리합은 $p \vee q$로 나타낸다. $p \vee q$의 진리값은 p, q 중 적어도 하나가 참일 때 $p \vee q$는 참이고 p, q가 모두 거짓일 때만 거짓으로 정한다.

p	q	$p \vee q$
T	T	T
T	F	T
F	T	T
F	F	F

(4) 조건부

두 명제가 '…이면'으로 연결된 합성명제를 p와 q의 조건문(conditional statement)이라고 하고, 기호 $p \rightarrow q$로 나타낸다. 이 때의 결합자 →를 조건부(conditional)라고 한다. 이 합성 명제에서는 먼저 p가 참일 때, q도 참이면 $p \to q$는 참이고 q가 거짓이면 $p \to q$는 거짓으로 정한다. 한편, p가 거짓이면 q의 참·거짓에 관계없이 $p \to q$는 항상 참이라고 정한다.

p	q	$p \to q$
T	T	T
T	F	F
F	T	T
F	F	T

(5) 쌍조건부

두 명제 p, q에 대하여 'p이고 그리고 그 때에 한해서만 q이다'를 기호 $p \leftrightarrow q$로 나타내고, p와 q의 쌍조건문(biconditional statement)이라고 한다. 즉, $p \leftrightarrow q$는 $(p \to q) \wedge (q \to p)$을 뜻한다. 이 때의 결합자 $\leftrightarrow$를 쌍조건부(biconditional)라고 한다. 쌍조건문 $p \leftrightarrow q$의 진리표는 다음과 같다. 즉, 두 명제 p, q의 진리값이 같은 경우에만 쌍조건문 $p \leftrightarrow q$은 참이다.

p	q	$p \leftrightarrow q$
T	T	T
T	F	F
F	T	F
F	F	T

한편, 집합론에서 사용하는 한정기호(quantifier)는 다음 두 가지이다.

(6) 전칭기호

$p(x)$를 집합 U상에서의 한 명제함수라고 하고 'U에

속하는 모든 x에 대해서 $p(x)$가 참이다'를

$$(\forall x \in U)\ p(x) \quad \text{또는} \quad \forall x \in U,\ p(x)$$

과 같이 나타내고 '$\forall x$'를 전칭기호(universal quantifier)[1] 라고 한다.

집합 U에서의 한 전칭명제 $\forall x \in U,\ p(x)$는 'U의 모든 x에 대해서, $p(x)$는 참'이므로 그 부정은 'U의 어떤 x에 대해서 $p(x)$는 거짓'이라고 한다. 다시 말하면 U에 속하는 어떤 x에 대해서 $\sim p(x)$가 참이고, 이것을 기호로 나타내면

$$\exists x \in U\ ;\ \sim p(x)$$

가 된다. 따라서

$$\sim [\forall x \in U,\ p(x)] \equiv \exists x \in U\ ;\ \sim p(x)$$

이다.

(7) 존재기호

$p(x)$를 집합 U상에서의 한 명제함수라 하면 'U에 속하는 어떤 x에 대해서 $p(x)$는 참이다', 즉 '$p(x)$가 참인 x가 U안에 존재한다'는 사실을 다음과 같이 나타낸다.

$$(\exists x \in U)p(x) \quad \text{또는} \quad \exists x \in U\ ;\ p(x)$$

---

1) 기호 $\forall$는 영어철자 arbitrary의 첫 글자의 아래위를 뒤집어 놓은 것이다.

기호 '$\exists x$'를 존재기호(existential quantifier)[2]라고 한다. 집합 U에서의 한 존재명제

$$\exists x \in U \; ; p(x)$$

의 부정은

$$\sim [\exists x \in U \; ; p(x)] \equiv \forall x \in U, \; \sim p(x)$$

이다.

나. (1) 임의의 집합 A에 대해서 '$\varnothing \subset A$'임을 보이려면 '$x \in \varnothing$ 이면 $x \in A$'를 보여야 한다. 그러나 $x \in \varnothing$가 거짓이므로 '$x \in \varnothing$ 이면 $x \in A$'는 참이다.

(2) 원소의 개수가 세 개인 집합의 부분집합은 각각의 원소를 포함하든가 그렇지 않든가이다. 따라서 각 원소가 취할 수 있는 경우의 수는 2이다. 따라서 원소의 개수가 세 개인 집합의 부분집합의 개수는 2^3이다. 이는 원소의 개수가 세 개인 집합에서 {0, 1}로의 함수 전체의 수라고 할 수 있다. 한편, 다음과 같이 설명할 수도 있다. 즉, 부분집합은 원소의 개수가 0개, 한 개, 세 개인 것이 있다. 원소의 개수가 0개인 부분집합은 공집합으로서 그 개수는 ${}_3C_0=1$이다. 원소의 개수가 한 개인 부분집합의 개수는 ${}_3C_1$이고, 원소의 개수가 두 개인 부분집합의 개수는 ${}_3C_2$이며 원소의 개수가 세 개인 부분집합의 개수는 ${}_3C_3$이다. 따라서 부분집합 전체의 개수는

---

2) 기호 ∃는 영어철자 exist의 첫 글자의 앞뒤를 뒤집어 놓은 것이다.

$_3C_0+{}_3C_1+{}_3C_2+{}_3C_3=2^3$이다.

라. 다음 명제를 증명하고 싶다 : All ravens are black. 이곳저곳 다니면서 raven을 만나, 그 raven이 검은색임을 확인한다. 만나는 raven의 수가 많아지고 그 때마다 검은색임이 확인될수록 증명하고자하는 명제의 정당성에 신뢰가 커진다. 그러나 여행하며 raven을 만나기가 쉽지 않다. 시간과 돈이 많이 든다. 그래서 증명 전략을 바꾸기로 했다. 원래 명제의 대우 명제인 '검지 않으면 raven이 아니다'를 증명하기로 한 것이다. 원래의 명제와 그 대우 명제의 진리 값은 항상 같다고 수리 논리학에서 증명했기 때문이다. 멀리 여행하지 않아도, 이 대우 명제가 참임을 확인해 주는 예가 당신 주위에 많이 있다. 이제 이러한 예가 많아질수록 당신은 원래의 명제 'All ravens are black'의 정당성에 신뢰가 쌓여가는가? 그렇지 않다면 무엇이 문제인가?

마. (1) 논리곱의 경우 즉, $p \wedge q \equiv q \wedge p$를 증명한다. 논리합의 경우도 비슷하게 증명할 수 있다.

p	q	$p \wedge q$	$q \wedge p$
T	T	T	T
T	F	F	F
F	T	F	F
F	F	F	F

논리합의 교환법칙도 같은 방법으로 증명할 수 있다.

(2) $(p \wedge q) \wedge r \equiv p \wedge (q \wedge r)$

p	q	r	$(p$	$\wedge$	$q)$	$\wedge$	r	p	$\wedge$	$(q$	$\wedge$	$r)$
T	T	T	T	T	T	T	T	T	T	T	T	T
T	T	F	T	T	T	F	F	T	F	T	F	F
T	F	T	T	F	F	F	T	T	F	F	F	T
T	F	F	T	F	F	F	F	T	F	F	F	F
F	T	T	F	F	T	F	T	F	F	T	T	T
F	T	F	F	F	T	F	F	F	F	T	F	F
F	F	T	F	F	F	F	T	F	F	F	F	T
F	F	F	F	F	F	F	F	F	F	F	F	F

$(p \vee q) \vee r \equiv p \vee (q \vee r)$

p	q	r	$(p$	$\vee$	$q)$	$\vee$	r	p	$\vee$	$(q$	$\vee$	$r)$
T	T	T	T	T	T	T	T	T	T	T	T	T
T	T	F	T	T	T	T	F	T	T	T	T	F
T	F	T	T	T	F	T	T	T	T	F	T	T
T	F	F	T	T	F	T	F	T	T	F	F	F
F	T	T	F	T	T	T	T	F	T	T	T	T
F	T	F	F	T	T	T	F	F	T	T	T	F
F	F	T	F	F	F	T	T	F	T	F	T	T
F	F	F	F	F	F	F	F	F	F	F	F	F

(3) $p \vee (q \wedge r) \equiv (p \vee q) \wedge (p \vee r)$

p	q	r	p	$\vee$	$(q$	$\wedge$	$r)$	$(p$	$\vee$	$q)$	$\wedge$	$(p$	$\vee$	$r)$
T	T	T	T	T	T	T	T	T	T	T	T	T	T	T
T	T	F	T	T	T	F	F	T	T	T	T	T	T	F
T	F	T	T	T	F	F	T	T	T	F	T	T	T	T
T	F	F	T	T	F	F	F	T	T	F	T	T	T	F
F	T	T	F	T	T	T	T	F	T	T	T	F	T	T
F	T	F	F	F	T	F	F	F	T	T	F	F	F	F
F	F	T	F	F	F	F	T	F	F	F	F	F	T	T
F	F	F	F	F	F	F	F	F	F	F	F	F	F	F

$p \wedge (q \vee r) \equiv (p \wedge q) \vee (p \wedge r)$

p	q	r	p	$\wedge$	$(q$	$\vee$	$r)$	$(p$	$\wedge$	$q)$	$\vee$	$(p$	$\wedge$	$r)$
T	T	T	T	T	T	T	T	T	T	T	T	T	T	T
T	T	F	T	T	T	T	F	T	T	T	T	T	F	F
T	F	T	T	T	F	T	T	T	F	F	T	T	T	T
T	F	F	T	F	F	F	F	T	F	F	F	T	F	F
F	T	T	F	F	T	T	T	F	F	T	F	F	F	T
F	T	F	F	F	T	T	F	F	F	T	F	F	F	F
F	F	T	F	F	F	T	T	F	F	F	F	F	F	T
F	F	F	F	F	F	F	F	F	F	F	F	F	F	F

(4) $[(p \rightarrow q)] \wedge [(q \rightarrow r)] \Rightarrow [p \rightarrow r]$

p	q	r	$[(p$	$\rightarrow$	$q)$	$\wedge$	$(q$	$\rightarrow$	$r)]$	$\Rightarrow$	$[p$	$\rightarrow$	$r]$
T	T	T	T	T	T	T	T	T	T	T	T	T	T
T	T	F	T	T	T	F	T	F	F	T	T	F	F
T	F	T	T	F	F	F	F	T	T	T	T	T	T
T	F	F	T	F	F	F	F	T	F	T	T	F	F
F	T	T	F	T	T	T	T	T	T	T	F	T	T
F	T	F	F	T	T	F	T	F	F	T	F	T	F
F	F	T	F	T	F	T	F	T	T	T	F	T	T
F	F	F	F	T	F	T	F	T	F	T	F	T	F

(5) $p \rightarrow q \equiv \sim q \rightarrow \sim p$

p	q	$p \rightarrow q$	$\sim q \rightarrow \sim p$
T	T	T	T
T	F	F	F
F	T	T	T
F	F	T	T

(6) $\sim(p \vee q) \equiv \sim p \wedge \sim q$

p	q	$\sim$	$(p$	$\vee$	$q)$	$\sim p$	$\vee$	$\sim q$
T	T	F	T	T	T	F	F	F
T	F	F	T	T	F	F	F	T
F	T	F	F	T	T	T	F	F
F	F	T	F	F	F	T	T	T

(7) $p \rightarrow (q \vee r) \equiv (p \wedge \sim q) \rightarrow r$

p	q	r	p	$\rightarrow$	$(q$	$\vee$	$r)$	$(p$	$\wedge$	$\sim q)$	$\rightarrow$	r
T	T	T	T	T	T	T	T	T	F	F	T	T
T	T	F	T	T	T	T	F	T	F	F	T	F
T	F	T	T	T	F	T	T	T	T	T	T	T
T	F	F	T	F	F	F	F	T	T	T	F	F
F	T	T	F	T	T	T	T	F	F	F	T	T
F	T	F	F	T	T	T	F	F	F	F	T	F
F	F	T	F	T	F	T	T	F	F	T	T	T
F	F	F	F	T	F	F	F	F	F	T	T	F

바. 두 개의 명제 p, q의 합성명제 $p \rightarrow (p \vee q)$의 진리표를 살펴보면 p, q의 T, F에 관계없이 그 합성명제 $p \rightarrow (p \vee q)$는 항상 참임을 알 수 있다. 이와 같이 주어진 명제를 구성하는 단순명제의 참·거짓에 관계없이 항상 참인 합성명제를 항진명제(tautology)라고 한다. 이것에 반해서 주어진 명제를 구성하는 단순명제의 참·거짓에 관계없이 항상 거짓인 합성명제를 모순명제(contradiction)라고 한다. 예를 들어, 임의의 명제 p에 대하여 명제 $p \vee \sim p$는 항진명제이고 명제 $p \wedge \sim p$는 모순명제이다.

과제 2.2 X, Y가 두 집합일 때 $x \in X$, $y \in Y$에 의한 순서쌍 (x, y) 모두를 원소로 하는 집합을 X, Y의 데카르트 곱이라고 하고 $X \times Y$로 표시한다. 즉, X, Y의 데카르트 곱은 $X \times Y = \{(x, y) \mid x \in X,\ y \in Y\}$인 집합을 의미한다. 두 집합 X, Y의 데카르트 곱 $X \times Y$의 부분집합 R를 X에서 Y로의 관계라고 한다. 이제 X에서 Y로의 관계 R의 정의역과 상은 다음과 같이 정의된다.

$$\mathrm{Dom}(R) = \{x \in X \mid \exists y \in Y \ ;\ (x, y) \in R\}$$
$$\mathrm{Im}(R) = \{y \in Y \mid \exists x \in X \ ;\ (x, y) \in R\}$$

X에서 Y로의 관계 R에 대하여 $R^{-1} = \{(y, x) \mid (x, y) \in R\}$로 정의되는 Y에서 X로의 관계를 R의 역관계라고 한다. 즉, 역관계 R^{-1}는 R에 속하는 순서쌍의 첫째와 둘째 원소를 바꾸어 놓은 순서쌍으로 이루어진다.

과제 2.3 가. (1) 관계 R를 집합 X 위에서의 관계라고 하자. 모든 $x \in X$에 대하여 $(x, x) \in R$이면 R를 반사적이라고 한다. 다시 말해서, X의 모든 원소가 그 자신과 관계가 있을 때 R는 반사적이다. 한편, x, $y \in X$에 대하여 $(x, y) \in R$이면 $(y, x) \in R$일 때 R를 대칭적이라고 한다. 즉, x와 y가 관계가 있으면 y와 x도 관계가 있을 때 R는 대칭적이다. 마지막으로, X 위에서 관계 R에서

$$(x, y) \in R\text{이고 } (y, z) \in R\text{이면 } (x, z) \in R$$

일 때 R를 추이적이라고 한다. 즉, x가 y와 관계가 있고, y가 z와 관계가 있으면 x와 z가 관계가 있을 때 관계 R는 추이적이다.

(2) 집합 X 위에서 관계 R가 반사적, 대칭적, 추이적일 때 관계 R를 동치관계라고 한다.

(3) $\{X_i\}_{i\in I}$를 X의 공집합이 아닌 부분집합 족이라고 하자. 다음 조건을 만족시킬 때 $\{X_i\}_{i\in I}$를 X의 분할이라고 한다.

(가) $\bigcup_{i\in I} X_i = X$

(나) 임의의 $i,\ j\in I$에 대하여, $X_i = X_j$ 또는 $X_i \cap X_j = \varnothing$이다.

집합 X 위에 동치관계가 주어지면 이 동치관계에 의하여 X를 분할할 수 있다.

나. 사람들의 집합에서 두 사람의 성(性)이 같을 때 '그 두 사람은 관계있다'라고 하면 이 관계는 그 집합위에서 동치관계이다. 그 집합은 이 동치관계에 의하여 여성과 남성으로 분할된다. 한편, 그 집합에서 두 사람의 성(姓)이 같을 때 '그 두 사람은 관계있다'라고 하면 이 관계도 그 집합위에서 동치관계이다. 그 집합을 이 동치관계에 의하여 성(姓)별로 분할할 수 있다.

다. 정수 전체의 집합 $\mathbb{Z}$ 위에서 임의의 두 정수 $x,\ y\in\mathbb{Z}$의 차이가 3의 배수일 때 $(x,\ y)\in R$으로 관계 R를 정의하면 R는 $\mathbb{Z}$ 위에서 동치관계이다.

이 때의 동치류는 다음과 같다.

$$\bar{0} = \{\cdots,\ -3,\ 0,\ 3,\ 6,\ \cdots\}$$

$$\bar{1} = \{\cdots,\ -2,\ 1,\ 4,\ 7,\ \cdots\}$$

$$\bar{2}=\{\cdots, -1, 2, 5, 8, \cdots\}$$

이와 마찬가지 방법으로 모든 자연수 k에 대하여 동치류 집합 $\mathbb{N}_k$을 얻을 수 있다. 예를 들어, $\mathbb{N}_3$는 다음과 같은 세 개의 동치류로 구성된다.

$$\bar{1}=\{1, 4, 7, \cdots\}$$
$$\bar{2}=\{2, 5, 8, \cdots\}$$
$$\bar{0}=\{3, 6, 9, \cdots\}$$

과제 2.4 가. (1), (2) 두 집합을 X, Y라고 하고 f가 X에서 Y로의 관계이며 다음 성질을 만족시킬 때 f를 A에서 B로의 함수라고 한다.

- X에 속하는 모든 원소 x에 대하여, $(x, y)\in f$가 되는 y가 Y 안에 존재한다.
- X의 원소 x에 대하여, $(x, y_1)\in f$, $(x, y_2)\in f$인 y_1, y_2가 Y 안에 존재하면 $y_1=y_2$이어야 한다.

한편, $(x, y)\in f$일 때 $f(x)=y$와 같이 표현한다.

(3) 함수 $f: X \to Y$는 X에서 Y로의 관계 중에서 특수한 성질을 만족시키는 $X\times Y$의 부분집합으로 정의하였다. 따라서 두 '함수가 같다'라는 말은 각각의 함수를 나타내는 두 집합이 같다는 말이다. 한편, 두 함수 $f: X \to Y$와 $g: X \to Y$에 대하여 다음이 성립한다.

$$f=g \Leftrightarrow \forall x\in X,\ f(x)=g(x).$$

(4) 상과 역상에 관하여 다음이 성립한다(신현용, 2007a).

(가) 함수 $f: X \to Y$와 X의 부분 집합 족 $\{A_\gamma : \gamma \in \Gamma\}$에 대하여 $f(\bigcup_{\gamma \in \Gamma} A_\gamma) = \bigcup_{\gamma \in \Gamma} f(A_\gamma)$이고 $f(\bigcap_{\gamma \in \Gamma} A_\gamma) \subset \bigcap_{\gamma \in \Gamma} f(A_\gamma)$이다. 그러나 함수 $f: X \to Y$가 단사이면 $f(\bigcap_{\gamma \in \Gamma} A_\gamma) = \bigcap_{\gamma \in \Gamma} f(A_\gamma)$이다.

(나) 함수 $f: X \to Y$와 Y의 부분 집합 족 $\{B_\gamma : \gamma \in \Gamma\}$에 대하여 $f^{-1}(\bigcup_{\gamma \in \Gamma} B_\gamma) = \bigcup_{\gamma \in \Gamma} f^{-1}(B_\gamma)$이고 $f^{-1}(\bigcap_{\gamma \in \Gamma} B_\gamma) = \bigcap_{\gamma \in \Gamma} f^{-1}(B_\gamma)$이다.

(다) 함수 $f: X \to Y$와 X의 부분 집합 A에 대하여 $A \subset f^{-1}(f(A))$이다. 그러나 함수 $f: X \to Y$가 단사이면 $A = f^{-1}(f(A))$이다.

(라) 함수 $f: X \to Y$와 Y의 부분 집합 B에 대하여 $f(f^{-1}(B)) \subset B$이다. 그러나 $f: X \to Y$가 위로의 함수이면 $f(f^{-1}(B)) = B$이다.

(마) 함수 $f: X \to Y$가 일대일대응이면 $f^{-1}: Y \to X$도 일대일대응이다.

나. (1) 함수 $f: X \to Y$에서 X의 서로 다른 두 원소의 상이 같지 않을 때 함수 f를 일대일 함수 또는 단사함수라고 한다. 다시 말하여, $x \in X$, $x' \in X$일 때 '$f(x) = f(x')$이면 $x = x'$'인 경우 $f: X \to Y$는 단사함수이다.

(2) 임의의 함수 $f: X \to Y$에 대하여 f의 치역 $f(X)$는 Y

의 부분집합이다. 즉, $f(X) \subset Y$이다. 그런데 Y의 모든 원소가 상일 때, 즉 $f(X)=Y$일 때 f를 위로의 함수 또는 전사함수라고 한다.

(3) 단사인 동시에 전사인 함수를 전단사함수 또는 일대일 대응이라고 한다. 전단사 함수의 역함수도 전단사 함수이다.

(4) 함수 $f: X \to \{0, 1\}$와 X의 부분집합 C에 대하여 아래와 같이 정의되는 함수 $\chi_C: X \to \{0, 1\}$를 C에서의 특성함수라고 한다.

$$\begin{cases} \chi_C(x)=0, & x \notin C \\ \chi_C(x)=1, & x \in C \end{cases}$$

(5) X가 한 집합일 때 함수 $f: X \to X$가 식 $f(x)=x$로 정의되었다고 하자. 즉 f가 X의 각 원소에 그 자신을 대응시킨다고 할 때 f를 X에서의 항등함수 또는 단위함수라고 한다. 항등함수는 정의역과 공변역이 같음에 유념할 필요가 있다.

(6) 함수 $f: X \to Y$에서 Y에 속하는 한 원소 y가 X의 모든 원소의 상일 때 함수 f를 상수함수라고 한다. 즉, $f: X \to Y$는 f의 치역이 오직 한 원소만으로 이루어지는 집합일 때 상수 함수이다.

다. (1) 함수 $f: X \to Y$와 함수 $g: Y \to Z$가 있다고 하자. 임의의 $x \in X$에 대하여 $f(x)$는 g의 정의구역인 Y에 속한다. 따라서 함수 g에 의한 $f(x)$의 상 $g(f(x))$를 구할 수 있다. 이와 같이 하면 X의 모든 원소에 Z의 한 원소를 대응시킬 수 있다. 이렇게 얻은 새로운 함수를 f와 g의 합성함수라고 하고 $g \circ f$로 나타낸다. 이상을 다음과 같이 요약할 수 있다. 두 함수 $f: X \to Y$와 $g: Y \to Z$에 대하여 합성함수 $g \circ f: X \to Z$는 다음과 같이 정의된다.

(2) 세 함수 $f: X \to Y$, $g: Y \to Z$, $h: Z \to W$라 하면, 합성함수 $g \circ f: X \to Z$에서 또 다른 합성 함수 $h \circ (g \circ f): X \to W$를 구할 수 있다. 마찬가지로 함수 $(h \circ g) \circ f: X \to W$도 구할 수 있다. 일반적으로 다음이 성립한다.

$$(h \circ g) \circ f = h \circ (g \circ h)$$

함수의 합성에 관하여 결합법칙이 성립함을 알 수 있다.

(3) 실수 전체의 집합 $\mathbb{R}$에서의 함수 f와 g가 다음과 같이 정의되었다고 하자.

$$f(x) = 2x - 1, \quad g(x) = x + 1$$

이 때, $(g \circ f)(1) = 2 \neq 3 = (f \circ g)(1)$이므로, 일반적으로 $g \circ f \neq f \circ g$이다. 따라서 함수의 합성에 관하여 교환법칙이 성립하지 않는다.

라. 함수 $f: X \to Y$가 단사이기 위한 필요충분조건은 $g \circ f = I_X$을 만족시키는 함수 $g: Y \to X$가 존재하는 것이다.

마. 함수 $f: X \to Y$가 전사이기 위한 필요충분조건은 $f \circ g = I_Y$을 만족시키는 함수 $g: Y \to X$가 존재하는 것이다. 함수 g를 구성하는 과정에서 선택공리가 이용된다.

바. 함수 $f: X \to Y$가 전단사이기 위한 필요충분조건은 $g \circ f$

$=I_X$이고 $f \circ g = I_Y$인 함수 $g : Y \to X$가 존재하는 것이다.

사. 초등학교 교육과정에서는 함수 개념이 소개되지 않는다. 그러나 함수 개념은 암암리에 사용된다고 볼 수 있다. 예를 들어서, '두 개의 사과' 와 '두 권의 책'에 자연수 '2'를 대응시키는 것은 두 개의 사과로 이루어진 집합과 두 권의 책으로 이루어진 집합 사이에 일대일대응이 존재함을 뜻한다.

과제 2.5 가. 집합 X 위에서의 관계가 반사율, 반대칭률, 추이율을 만족시키면 반순서라고 한다. 여기서 집합 X 위에서의 관계 R에서

$$(x, y) \in R\text{이고 } (y, x) \in R\text{이면 } x = y$$

일 때 R를 반대칭적이라고 한다. 다시 말하여, x와 y가 관계가 있고 y와 x가 관계가 있으면 $x=y$일 때 관계 R를 반대칭적이라고 한다.

나. $(\mathbb{Z}, \leq)$, $(\wp(X), \subset)$은 모두 반사율, 반대칭률, 추이율을 만족시킴을 알 수 있다. 예를 들어, 임의의 $A \in \wp(X)$에 대하여 $A \subset A$이고, 임의의 $A, B \in \wp(X)$에 대하여 $A \subset B$이고 $B \subset A$이면 $A=B$이다. 한편, 임의의 $A, B, C \in \wp(X)$에 대하여 $A \subset B$이고 $B \subset C$이면 $A \subset C$이다.

*다. (1)과 (2)에 관해서는 신현용(2007a)을 참고하여라.

(3) (가) 원소의 개수가 두 개 이상인 집합 X에 대하여, $(\wp(X), \subset)$는 전순서집합이 아니므로 정렬집합이 아니다.

(나) 자연수 전체의 집합 $\mathbb{N}$에서 대소 관계 $\leq$를 생각

하면 정렬집합이 된다(정수의 정렬성). 이제, $\mathbb{Z}=\{0, -1, 1, -2, 2, -3, 3\cdots\}$은 정렬집합이다. 여기서 오른쪽의 원소가 왼쪽의 원소보다 큰 것으로 한다.

(다) $\mathbb{Q}^{+}=\{1, 1/2, 1/3, 2/3, 1/4, 3/4\cdots\}$은 정렬집합이다. 여기에서도 오른 쪽의 원소가 왼쪽의 원소보다 큰 것으로 한다. 이제 위 (나)의 방법을 적용하면 $\mathbb{Q}$를 정렬집합으로 만들 수 있다.

(라) 실수 집합 $\mathbb{R}$에는 정렬이 구체적으로 제시된 적이 아직까지는 없다. 사실, $\mathbb{R}$에 정렬을 구체적으로 정의하는 것은 가능하지 않을 것으로 여긴다.

과제 2.6 가. '자료 : 수의 확장'을 참고하여라.

나. 공간이나 시간에서 '무한'을 가정하면 여러 가지 어려운 문제가 생긴다. 우리가 감각할 수도, 경험할 수도, 따라서 실험할 수 없는 무한의 특성 때문이다. 수학에서도 무한의 개념이 개입되면 많은 문제가 발생한다. 제논의 여러 역설을 비롯하여 수학에서의 많은 역설에는 무한 개념이 관련된다. 유클리드 기하학에서 제5 공준 즉, 평행선 공준이 그 많은 문제를 야기한 것도 그 공준이 무한 개념을 내포하고 있는 것이 한 이유였다. 예로부터 무한을 인간이 범접할 수 없는 신의 영역, 즉 종교나 신학에서나 다뤄져야 할 영역으로 치부해 버리고, 수학에서는 깊이 다루는 것은 가급적 피했다고 볼 수 있다. 그러나 모든 학문에서도 마찬가지겠지만, 특히 수학에서 무한은 수시로 접할 수박에 없는 문제이

다. 당장 자연수의 개수가 무한이다. 소수의 개수도 무한인 것도 이미 오래 전에 알려졌다. 수학을 하는 한 무한의 개념으로부터 완전히 해방될 수는 없었다. 무한으로 인한 여러 어려움을 겪으며 무한에 관하여 자연스럽게 형성된 것이 요즈음 우리가 말하는 '가무한(virtual infinity)'의 개념이다. 즉, 아리스토텔레스 이래로 칸토어 이전까지의 대부분의 수학자들의 무한에 대한 인식으로서 언제라도 충분히 크(적)게 할 수 있는 것이며, 끝남이 없는 것이므로 현실적으로는 존재하지 않는, 그래서 잠재적으로만 파악할 수밖에 없다는 것이다. 어찌 보면 막연한 개념이며, 매우 소극적이고 피상적인 인식이라고 할 수 있다. '가무한'의 개념은 쉽게 말하여 보통 사람이 가지고 있는 무한 개념이라고 할 수 있을 것이다. 이런 인식은 무한성이 내재된 여러 역설에 대한 적극적인 해결 노력을 방해하는 역할을 하였다고도 볼 수 있다. 그러나 그들이 무한에 대해 상당히 모호하게 인식하고 있었지만 무한의 개념이 개입할 수밖에 없는 미·적분학(무한소 개념)이나 사영기하학(무한원점 개념) 등을 만족스럽게 정립한 것은 주목할 만 하다. 사실 희랍시대에 에우독소스는 이미 '우리가 원하는 만큼 작게 할 수 있는' 양, 즉 가무한(소) 개념만을 사용하여 넓이와 부피를 성공적으로 계산할 수 있었다.

현대 수학은 그 '자유성(freeness)'에 그 큰 특징이 있다. 수학은 결코 현실적인 검증이나 실험적 뒷받침을 요구하지 않는다. 수학의 체계 안에서 모순이 없으면 된다. 따라서 수학은 현실적인 이유 때문에 발목을 잡힐 수 없다. 무한에 대한 기존의 소극적인 자세를 단호히 부정하고 적극적으로 접근한 수학자가 칸토어라고 할 수 있다. 물론, 칸토어 이전에도 갈릴레오처럼 실무한의 개념을 나름대로 확립한 수학자가 있었다고 볼 수 있다. 그러나 칸토어는 조심스러워하면서도 분명하게 무한에 접근하였고, 그가 정립한 이론을 적용하여 무한을 적극적이며 효과적으로 다루었다. 그 결과 '실무한(actual infinity)'의 개념을 확립하여 무한을 체계적으로 다루게 됨으로써 수학의 지평을 크게 넓혔다. 힐버트는 칸토어의 이러한 업적을 높이 평가하여 칸토어가 우리를 '수학의 낙원'으로 인도하였다고 했다. 물론, 이러한 적극적인 접근으로 인하여 추가적인 문제(선택 공리의 문제, 연속체 가설의 문제 등) 또는 다양한 역설(러셀의 역설 등)이 등장했다. 그러나 수학자들은 지속적으로 적극적 자세를 견지함으로 집합론, 함수 이론 등을 점점 발전시켜, 오늘날에는 무한을 효과적으로 다룰 수 있게 하였다. 실무한 입장의 대표적인 예를 들어보자. 자연수로 유한 집합의 크기(원소의 개수)를 나타낼 수 있다. 무한 집합에 적극적으로 접근한 칸토어는 무한 집합도 그가 개발한 방법에 따라 분류하고 각각의 무한 집합에 크기를 정의하였다. 이 크기를 농도(cardinality)라고 부른다. 유한집합의 위수(order) 개념을 일반화한 것으로 볼 수 있다. 특히 무한 집합 중에서 가장 중요한 역할을 하는 자연수 집합의 농도를 $\aleph_0$로 나타낸다. 칸토어는 실수 전체의 농도는 $2^{\aleph_0}$임을 보임으로 실수 전체의 집합은 자연수 집합과 같은 농도를 갖지 아니함을 증명하였다. 즉, 실수 전체의 농도를 연속체(continuum)를 나타내는 의미에서 c라고 하면, $c=2^{\aleph_0}$이며 $\aleph_0 < 2^{\aleph_0}$가 된다는 것을 보인 것이다. 그 유명한 연속체 가설(continuum hypothesis)은 $\aleph_0$와 c 사이에는 다른 농도가 없다는 것이다. 이를 $\aleph_1 = c(=2^{\aleph_0})$와 같이 표현할 수 있다. 이 가설을 일반화한 것이 일반 연속체 가설(generalized continuum hypothesis)인데, 이에 의하면 $\aleph_n = 2^{\aleph_{n-1}}$, n은 자연수가 된다. 즉, $\aleph_n$과 $2^{\aleph_n}$ 사이에는 다른 농도가 없다는 것이다. 일반 연속체 가설의 정확한 내용을 다음과 같이 말할 수 있다 : 임의의 무한 농도 a에 대하여 a와 2^a 사이에는 다른 농도가 존재하지 않는다. $\aleph_0$, $\aleph_1$, … 등과 같은 무한 집합의 농도를 초한 농도라고 한다. 여기서 $\aleph_n$, n은 자연수, 형태 이외의 농도도 얼마든지 얻을 수 있음을 주목할 필요가 있다. 이처럼 초한 농도를 나타내는 수는 자연수의 개념을 확장한 것이라고 할 수 있다. 이 수를 기수(cardinal number)라고 부른다. 자연수가 아닌 기수를 초한수(transfinite number)라고 한다. 이러한 수는 실무한의 입장에서나 가능한 것으로, 수의 개념이 무한으로 대폭 확장된 것이다. 두 자연수를 곱할 수도 있고, 곱할 수도 있듯이, 두 기수도 더할 수도 있고, 곱할 수도 있다. 그러나 초한수의 덧셈과 곱셈은 자연수의 덧셈과 곱셈과 비교하여 볼 때, 여러 가지 면에서 판이하게 다른 성질을 가진다. 예를 들어, $\aleph_0 + \aleph_0 = \aleph_0$이고 $\aleph_0 \times \aleph_0 = \aleph_0$이다. 이러한 등식은 유한의 경우에는 볼 수 없다. 무한 순서수(ordinal number)의 경우는 이처럼 이상한 성질이 더 많다. 심지어 곱셈은 물론

덧셈조차도 교환 법칙이 성립하지 않게 된다. 이러한 현상도 실무한의 입장에서나 가능한 것이다. 한편, 실무한의 입장에서는 자연수 집합에 적용되는 수학적 귀납법은 자연수 집합보다 더 일반적인 정렬 집합(well-ordered set)에 적용할 수 있는 초한 귀납법(transfinite induction)으로 확장될 수 있다. 그런데 선택 공리와 동치 명제인 정렬 원리에 의하면 모든 집합은 정렬 집합으로 만들 수 있다. 따라서 모든 집합에 대하여 수학적 귀납법과 같은 논증이 가능하게 된다. 이 사실을 통해서도 실무한의 입장이 수학의 범위를 얼마나 넓힐 수 있는지를 알 수 있다. 현대 수학에서 가장 특징적인 역할을 하는 선택공리(axiom of choice)에서는 무한한 순차적 조작을 요구한다. 이는 공간적으로나 시간적으로 불가능하다. 따라서 선택공리를 받아들인다는 것은 현실적으로 불가능한 조작을 시간과 공간의 문제를 초월하여 병열적으로 단숨에 조작 가능하다는 것을 가정하는 것이므로 여러 가지 현실적 모순에 봉착하게 한다. 사실 수학의 이러한 특징은 고전 수학, 특히 유클리드 기하학에서도 발견할 수 있다. 기하학적 의미의 직선이나 원은 현실적으로 가능한가? '무리수 $\sqrt{2}$는 작도 가능하다'라는 주장은 현실성이 있는가? 우리가 그리는 수많은 삼각형의 내각의 합은 모두 180°인가? 수학에서 현실성이나 관찰 가능성을 염두해 두면 상황은 복잡해진다. 어찌 보면 수학자는 오래 전부터 자기들만의 이상 세계에 살아온 것이다. 그럼에도 선택 공리와 이로부터 도출되는 정렬원리(well-ordering principle) 등은 20세기 초 대부분의 수학자들을 크게 당혹스럽게 하였다. 그러나 현실적인 검증이나 실험적 뒷받침을 요구하지 않는 현대 수학의 자유성, 즉 실무한 입장 등에서 표출되는 적극적 자세는 수학 체계 내에 모순을 유발하지 않는 한 선택공리를 충분히 받아들일 수 있었다. 따라서 실무한의 입장이 주류를 이룬다고 볼 수 있는 현대 수학에서는 무한이 중요한 연구 대상이 된다. 어떤 수학자는 '수학은 무한의 학문이다'라고 할 정도이다. 가무한을 '잠재적 무한(potential infinity)'이라고도 한다. 칸토어는 이를 '비본래적(uneigentlich, improper)' 무한이라고 불렀다. 실무한은 '존재로서의 무한'이라고도 하며, 칸토어는 '본래적(eigentlich, proper)' 무한이라고 불렀다. 이제 실무한의 관점이 학교 수학에는 어떠한 영향이 있는지 한 가지 예를 들어 알아보자. 현대 수학(실무한의 입장)에 익숙한 우리에게는 0.999…는 하나의 분명한 수(무한 순환 소수)이며 이는 정확히 1과 같다. 지금 중학교 2학년(수학과 교육 과정 8단계)에서 다루는 내용이다. '공비가 1보다 작은 무한 등비 급수의 수렴성' 등 필요한 수학적 내용들을 정확히 이해하면 쉽게 '증명'할 수 있다. 보통은 다음과 같이 설명한다 : 먼저, $x=0.999\cdots$라고 하면 $10x=9.999\cdots$가 된다. 두 식으로부터 $9x=9$를 얻고, 이로부터 $x=1$을 얻게 된다. 그러나 입장에 따라서 즉, 가무한의 입장에서는 0.999…과 같은 수 자체를 인정하지 않을 수 있다. 모양으로 봐서는 1과 매우 가까운 '것' 같으나 1보다는 분명히 적은 어떤 '것'을 나타낼 뿐, 실존하는 '수'로 보기는 어렵다는 입장이 가능하다. 따라서 그러한 '것'을 '10배' 한다는 것은 있을 수 없고, 설령

10배가 가능하다 하더라도 10배 하면 소수점의 위치가 오른쪽으로 한 칸 옮겨지는 이유를 도저히 설명할 수 없다. 게다가 다음과 같은 뺄셈은 전에 해 본 적이 없다: $9.999\cdots-0.999\cdots=9$. 결국 위의 모든 논증을 쉽게 받아들일 수 없다. 주장하는 내용들이 그럴 듯하기는 하나, 어찌 이상하고, 수학 같지가 않다. 이제 $1+10+10^2+\cdots$의 값을 같은 논법으로 계산하여 보자. 먼저 이 값을 x라고 하면 $10x=10+10^2+\cdots$가 된다. 따라서 $9x=-1$를 얻고, 이로부터 $x=-\frac{1}{9}$을 얻게 된다. 이 논증은 타당한가? 타당하지 않다면 앞의 경우와 무엇이 다른가? 이상의 예를 통하여 알 수 있는 사실은 학교 수학에 실무한의 입장을 도입하는 것은 타당하지만 거기에 내재된 수학의 수준과 학생의 지적 발달 수준을 고려하여야 한다는 것이다. 위 예의 경우에는 급수의 수렴성 등이 개입되기 때문에 중학교 2학년 과정에서 현재처럼 다루어지는 것은 문제가 있다고 할 수 있다.

과제 2.7 가. (1) 집합 A와 집합 B가 대등하다는 것은 집합 A, B 사이에 일대일 대응 $f: A \to B$이 존재할 때를 말하고, 이를 $A \sim B$로 나타낸다. 어떤 집합의 집합에서 임의의 두 원소(집합) A, B에 대하여 $A \sim B$(A와 집합 B가 대등하다)로 정의된 관계는 동치관계이다. 즉, 임의의 집합 A에 대하여 $A \sim A$이고, $A \sim B$이면 $B \sim A$이며, $A \sim B$이고 $B \sim C$이면 $A \sim C$이다.

(2) 한 집합 X가 자연수의 집합 $\mathbb{N}=\{1, 2, 3, \cdots\}$과 대등이면 X를 가부번이라고 한다. 무한이면서 $\mathbb{N}$과 대등이 아닌 집합을 비가부번이라고 한다.

(3) 한 집합이 유한이든지 가부번이면 가산 집합이라고 한다.

(4) 열린구간 $(0, 1)$, 실수 전체의 집합 $\mathbb{R}$, 그리고 $F=F_2\times F_2\times F_2\times\cdots$, $F_2=\{0, 1\}$, 등은 모두 비가부번 집합이다. 여기서 열린구간 $A=(0, 1)$이 비가부번 집합임을 다음과 같이 설명할 수 있다. A가 가부번이라고 하면 A의 모든 원소를 다음과 같이 번호를 붙일 수 있다.

$$A=\{x_1, x_2, x_3, \cdots\}$$

이제 A의 각 원소는 다음과 같이 무한소수의 모양으로 유일하게 나타낼 수 있다.

$$\begin{aligned}
x_1 &= 0.a_{11}a_{12}a_{13}\cdots a_{1n}\cdots\\
x_2 &= 0.a_{21}a_{22}a_{23}\cdots a_{2n}\cdots\\
x_3 &= 0.a_{31}a_{32}a_{33}\cdots a_{3n}\cdots\\
&\cdots\cdots\cdots\cdots\cdots\cdots\cdots\cdots\\
x_n &= 0.a_{n1}a_{n2}a_{n3}\cdots a_{nn}\cdots\\
&\cdots\cdots\cdots\cdots\cdots\cdots\cdots\cdots
\end{aligned}$$

여기서 $a_{ij}\in\{0, 1, 2, \cdots, 9\}$이고, $0.500\cdots=0.499\cdots$와 같이 나타내기로 한다. 이제, A에 속하는 한 실수 y를 다음과 같이 정하자.

$$y=0.b_1b_2b_3\cdots b_n\cdots$$

여기서 $b_1 \neq a_{11}$, $b_1 \neq 0$인 b_1, $b_2 \neq a_{22}$인 b_2를 택하여 나머지 b_n도 같은 방법으로 택한다. 그러면 $y \neq x_1$($b_1 \neq a_{11}$이므로), $y \neq x_2$($b_2 \neq a_{22}$이므로), … 등 모든 n에 대하여 $y \neq x_n$이다. 따라서 $y \notin A$이다. 그러나 $b_1 \neq 0$이므로 $y \in A$이다. 이 모순으로부터 A은 비가부번 집합임을 알 수 있다. 이러한 방법을 칸토어의 대각선논법이라고 한다.

*다. 단위 선분 [0, 1]을 삼등분하여 중앙 부분 즉, $\left(\frac{1}{3}, \frac{2}{3}\right)$을 제거한다. 남은 두 부분에 대해서도 동일한 방법으로 각각의 중앙 부분을 제거한다. 이 과정을 무한히 계속하여 얻은 집합을 칸토어 집합이라고 한다. [0, 1] 위의 점을 삼진법으로 표현하면 칸토어 집합은 다음과 같다.

$$\{0.a_1a_2\cdots_{(3)} \mid a_i \in \{0, 2\}\}$$

대각선 논법을 적용하면 이 집합은 비가부번임을 알 수 있다.

*라. 신현용(2006)을 참고하여라.

과제 2.8 가. 가부번집합은 자연수 전체의 집합과 대등한 집합이다.

나. (1) '자료 : 수의 확장'을 참고하여라.

(2), (3) 집합 개념을 사용하여 0과 자연수를 다음과 같이 생각할 수 있다.

$$0=\varnothing$$
$$1=\{\varnothing\}=\{0\}$$
$$2=\{\varnothing, \{\varnothing\}\}=\{0, 1\}$$
$$3=\{\varnothing, \{\varnothing\}, \{\varnothing, \{\varnothing\}\}\}=\{0, 1, 2\}$$
$$\cdots$$

위에서 정의한 0, 1, 2 등 모든 수에 대하여 바로 뒤에 오는 원소를 생각할 수 있다. 사실, 집합 A에 대하여 $A^+=A\cup\{A\}$를 A의 '바로 뒤 원소(immediate successor)'라고 한다. 이제 페아노 공리는 다음과 같다.

(가) $1\in\mathbb{N}$

(나) $x\in\mathbb{N}$이면 $x^+\in\mathbb{N}$이다.

(다) 모든 $x\in\mathbb{N}$에 대하여, $x^+\neq 1$이다.

(라) $x^+=y^+$이면 $x=y$이다.

(마) $\mathbb{N}$의 한 부분 집합 $X(\neq\varnothing)$가 다음 두 조건을 만족시킨다고 하자.

- $1\in X$
- $x\in X$이면, $x^+\in X$이다.

그러면, $X=\mathbb{N}$이다.

위의 공리에서 (마)는 수학적 귀납법 원리이다.

(4) 정수의 정렬성이다.

과제 2.9 가. (1) 반사율과 대칭률은 분명히 성립한다. 이제,

$\log_2 x = \log_2 y \pmod 1$이고 $\log_2 y = \log_2 z \pmod 1$라고 하면 $\log_2 x = \log_2 y + m$, $m \in \mathbb{Z}$이고 $\log_2 y = \log_2 z + n$, $n \in \mathbb{Z}$이므로 $\log_2 x = \log_2 z + m + n$, $m+n \in \mathbb{Z}$이다. 따라서 $\log_2 x = \log_2 z \pmod 1$이다.

나. 수학에서 직관은 중요하다. 어떤 명제에 대한 직관적 관찰은 엄밀한 증명의 전 단계로서 의미가 있다. 즉, 어떤 명제의 참, 거짓의 엄밀한 증명 이전에 벤다이어그램을 이용하여 직관적으로 판단해 보는 것은 유익하다. 그러나 수학적 증명은 엄밀한 논증으로 이루어져야 한다. 예를 들어, 집합론적 명제를 증명하고자 할 때에는 먼저 벤다이어그램을 이용하여 직관적으로 살펴보고 난 후 엄밀한 증명을 하면 좋다.

과제 2.10 가. 유클리드 기하의 다섯 개의 공준 중에서 평행선 공준을 제외하고 얻어지는 것을 중립기하라고 한다. 평행선 공준은 중립기하와 무모순적이고 독립적이다.

나. 유클리드 기하에서 평행선 공준을 다른 공준으로 대체하여 새로운 기하를 얻을 수 있는데 그러한 것을 비유클리드 기하라고 한다. 쌍곡기하와 타원기하가 대표적인 예이다.

다. 칸토어의 실무한적 접근을 크로네커는 인정하지 아니하였다.

라. 프레게의 산술기초론은 러셀의 역설로 인하여 큰 손상을 입었다.

마. 러셀과 화이트헤드의 저서 Principia Mathematica는 수학의 논리적 접근의 대표적인 예이다.

바. 힐버트는 'No one will drive us out of this paradise that

Cantor has created for us.'라고 하며 칸토어에 의한 집합론에 큰 기대를 나타내었다.

사. 힐버트는 'Here is the problem, search for the solution, you can find it by pure thought, for in mathematics there is no ignorabimus.'라고 하며 그의 형식적 접근을 통하여 수학을 완성할 수 있다고 믿었다.

아. 괴델의 불완전성정리는 힐버트의 꿈은 결코 이룰 수 없음을 증명하였다.

자. 선택공리는 어찌 보면 매우 자연스럽게 보이지만 바나흐-타르스키 역설 등을 초래하기도 한다.

과제 2.11 가. (1) 여집합을 구하는 것은 단항연산이라고 할 수 있다.

(2) 두 집합의 교집합, 합집합, 차집합은 모두 이항연산이라고 할 수 있다.

나. 두 집합의 합집합이나 교집합은 대표적인 이항연산의 예이다. 합집합과 교집합에 관하여 결합법칙과 교환법칙이 성립한다. 한편, 합집합에 대한 교집합의 분배법칙과 교집합에 대한 합집합의 분배법칙이 성립한다. 이들 이항연산의 연산법칙(결합법칙, 교환법칙, 분배법칙)은 각각에 해당하는 논리식의 결합연산법칙으로 증명할 수 있다.

제Ⅲ장

복 습

8. 가. 한 집합에 정의되는 관계로서 동치관계를 들 수 있다. 어떤 집합에 동치관계가 정의되면 그 집합은 동치류로 분할된다. 이러한 과정은 대수학 등 수학의 모든 분야에 이용된다.

   나. 한 집합에 정의되는 관계로서 함수를 들 수 있다. 함수는 두 집합 또는 두 개의 수학적 대산을 비교하는 중요한 방법이다. 함수로서 단사함수, 전사함수 등이 있는데 단사인 동시에 전사인 함수를 전단사함수라고 한다. 두 집합 사이에 전단사함수가 존재하면 두 집합은 대등하다고 한다.

과제 3.7 정의에 의하여 $a\mathbb{Z}=\{ax \mid x\in\mathbb{Z}\}$이므로 $0\mathbb{Z}=\{0x \mid x\in\mathbb{Z}\}$이다. 따라서 $0\mathbb{Z}=\{0\}$이다. 또한

$$(-a)\mathbb{Z}=(-a)x \mid x\in\mathbb{Z}=\{a(-x) \mid x\in\mathbb{Z}\}$$

이므로 $-x=k$라고 하면 $\{ak \mid k\in\mathbb{Z}\}$이므로 $a\mathbb{Z}=(-a)\mathbb{Z}$이다.

과제 3.9 $a\mathbb{Z}=b\mathbb{Z}$이면 $a\mathbb{Z}\subset b\mathbb{Z}$이고 $a\mathbb{Z}\supset b\mathbb{Z}$이므로 정리 3.8에 의하여 $a \mid b$이고 $b \mid a$이다. 따라서 정리 3.6.다에 의하여 $a=\pm b$이다.

과제 3.12 가. (1) (가) $3\geq 0$

(나) $3 \mid 6,\ 3 \mid 9$

(다) $e \mid 6,\ e \mid 9 \Rightarrow e \mid 3$

따라서 $(6,\ 9) = 3$이다.

(2) (가) $18 \geq 0$

(나) $6 \mid 18,\ 9 \mid 18$

(다) $6 \mid e,\ 9 \mid e \Rightarrow 18 \mid e$

따라서 $(6,\ 9) = 18$이다.

나. (1) 임의의 $a_1,\ a_2,\ \cdots,\ a_n \in \mathbb{Z}$에 대하여 다음 세 조건

(가) $d \geq 0$

(나) $d \mid a_1,\ d \mid a_2,\ \cdots,\ d \mid a_n$

(다) $e \mid a_1,\ e \mid a_2,\ \cdots,\ e \mid a_n \Rightarrow e \mid d$

를 만족시키는 $d \in \mathbb{Z}$를 $a_1,\ a_2,\ \cdots, a_n \in \mathbb{Z}$의 최대공약수라고 한다.

(2) 임의의 $a_1, a_2,\ \cdots,\ a_n \in \mathbb{Z}$에 대하여 다음 세 조건

(가) $l \geq 0$

(나) $a_1 \mid l,\ a_2 \mid l,\ \cdots,\ a_n \mid l$

(다) $a_1 \mid e,\ a_2 \mid e,\ \cdots,\ a_n \mid e \Rightarrow l \mid e$

를 만족시키는 $l \in \mathbb{Z}$을 $a_1,\ a_2,\ \cdots, a_n \in \mathbb{Z}$의 최소공배수라고 한다.

(3) 세 개 이상의 수 $a_1,\ a_2,\ \cdots, a_n \in \mathbb{Z}$에 대하여 어느 두 수를 택하더라도 서로 소일 때 $a_1,\ a_2, \cdots,\ a_n$는 쌍마다 서로 소라고 한다.

과제 3.16 나. (1) $a\mathbb{Z} \subset a\mathbb{Z}+b\mathbb{Z}$이고 $b\mathbb{Z} \subset a\mathbb{Z}+b\mathbb{Z}$이므로 $a\mathbb{Z} \cup b\mathbb{Z} \subset a\mathbb{Z}+b\mathbb{Z}$이다.

(2) ($\Rightarrow$) 정리 3.15의 내용이다.

($\Leftarrow$) (가) $d \geq 0$

(나) $a\mathbb{Z} \subset d\mathbb{Z}$, $b\mathbb{Z} \subset d\mathbb{Z}$이므로 $a \in d\mathbb{Z}$, $b \in d\mathbb{Z}$이므로 $d \mid a$이고 $d \mid b$이다.

(다) $e \mid a$이고 $e \mid b$라고 하면 $as+bt=d$를 만족시키는 $s, t \in \mathbb{Z}$가 존재하므로 $e \mid d$이다. 따라서 $(a, b)=d$이다.

과제 3.19 가. (정리 3.17의 증명) $(a, b)=d$라고 하면 $a\mathbb{Z}+b\mathbb{Z}=d\mathbb{Z}$. $d \in a\mathbb{Z}+b\mathbb{Z}$이므로 $ax+by=d$를 만족시키는 $x, y \in \mathbb{Z}$가 존재한다.

(정리 3.18의 증명) ($\Rightarrow$) $a\mathbb{Z}+b\mathbb{Z}=\mathbb{Z} \Rightarrow 1 \in a\mathbb{Z}+b\mathbb{Z} \Rightarrow$

$$ax+by=1,\ x,\ y \in \mathbb{Z}$$

($\Leftarrow$) $(a, b)=d \neq 1$라고 하자. $d \mid a$이고 $d \mid b$이므로 $d \mid (ax+by)$ 즉, $d \mid 1$이다. 이는 모순이다. 따라서 $(a, b)=1$이다.

나. $2 \times 1+4 \times 1=6$이지만 $(2, 4)=2 \neq 6$이다.

과제 3.20 가. $2\mathbb{Z}+3\mathbb{Z}=(2, 3)\mathbb{Z}$이므로 $2\mathbb{Z}+3\mathbb{Z}=\mathbb{Z}$이다. 따라서 모든 정수 n은 $2x+3y=n$의 꼴로 나타낼 수 있다.

나. $3=2 \times 1+1$이므로 $2 \times 1+3 \times (-1)=-1$이다. 양변에 7을 곱하면 $2 \times 7+3 \times (-7)=-7$이므로 $2x+3y=-7$의 한 해는 $x=7$, $y=-7$이다.

과제 3.26 가. $27=4\times 6+3$이므로 $6\times(-4)+27\times 1=3$이다.
따라서 주어진 방정식의 한 해는 $x=-4$, $y=1$이다.

나. 주어진 두 양의 정수 a, b에 대하여 $(a, b)=r_n$라고 하자.
먼저 $r_{n-2}=q_n r_{n-1}+r_n$에서 r_n은 r_{n-1}, r_{n-2}에 관한 식으로 나타낼 수 있다. 이제 r_{n-1}, r_{n-2}은 각각 r_{n-2}, r_{n-3}와 r_{n-3}, r_{n-4}에 관한 식으로 나타낼 수 있다. 이 과정을 계속하면 r_n은 a, b에 관한 식으로 나타낼 수 있다. 좀 더 자세히 설명하면 다음과 같다.

$$s_0=1,\quad s_1=0,\quad s_i=s_{i-2}-a_{i-2}s_{i-1}\ (2\le i\le n+1)$$
$$t_0=0,\quad t_1=1,\quad t_i=t_{i-2}-a_{i-2}t_{i-1}\ (2\le i\le n+1)$$

라고 하면 $r_i=as_i+bt_i\ (0\le i\le n+1)$임을 수학적 귀납법으로 증명한다.
먼저, 나눗셈 알고리즘에 의해 정수 a_0, a_1, $\cdots$, a_n과 r_2, r_3, $\cdots$, r_{n+1}이 존재하고 $(a, b)=(b, r_2)=(r_2, r_3)=\cdots=(r_n, r_{n+1})=r_{n+1}$이다.
$i=0$, $i=1$인 경우에 다음을 알 수 있다.

$$r_0=a=1\cdot a+0\cdot b=as_0+bt_0$$
$$r_1=b=0\cdot a+1\cdot b=as_1+bt_1$$

이제, $r_i=as_i+bt_i$라고 가정하면 다음이 성립한다.

$$\begin{aligned}r_{i+1}&=r_{i-1}-a_{i-1}r_i=as_{i-1}+bt_{i-1}-a_{i-1}(as_i+bt_i)\\&=a(s_{i-1}-a_{i-1}s_i)+b(t_{i-1}-a_{i-1}t_i)=as_{i+1}+bt_{i+1}\end{aligned}$$

과제 3.28 가. 디오판투스의 묘비명에는 다음과 같은 내용이 적혀 있다고 한다.

> "그의 일생의 6분의 1은 청년이었다. 다시 일생의 12분의 1 후에는 수염이 자랐으며, 다시 7분의 1이 지나 결혼하였다. 결혼한 지 5년 후에 낳은 아들은 아버지 나이의 꼭 반을 살았고, 아들이 죽은 지 4년 만에 세상을 떠났다."

디오판투스의 나이를 x라고 하면 다음이 성립한다.

$$x = x/6 + x/12 + x/7 + 5 + x/2 + 4$$

이 식을 풀면 $x=84$를 얻는다.

나. 디오판투스 방정식에서는 정수해를 구한다. 피타고라스 정리와 페르마의 마지막정리는 이차 또는 고차(삼차 이상) 디오판투스 방정식이라고 할 수 있다. 페르마의 마지막정리는 오일러가 증명을 시도하였지만 성공하지 못했고, 1994년 와일즈(Andrew Wiles)에 의하여 증명되었다.

과제 3.30 가. (1) $d \mid a$이고 $d \mid b$이므로 $c = as + bt$인 정수 s, t가 있으면 $d \mid c$가 된다.

(2) 같은 방법으로 $y = y_0 - \dfrac{a}{d}k$, $k \in \mathbb{Z}$를 구하게 되면 중간 과정에 k가 x의 일반해를 구할 때와 같은 k인지 보장할 수 없다. 따라서 $y_0 - y = \dfrac{a}{d}k'$, $k' \in \mathbb{Z}$와 같이 구해야 한다. 이 과정에서 k와 k'의 관계가 명확하지 않으므로 k와 k'을 k나 k'으로 일치시켜야 한다.

나. (1) 해를 가지기 위한 필요충분조건은 $d \mid c$이다. 여기서

$d=(a, b)$이다.

(2) 해는 무수히 많다.

(3) $x=x_0$, $y=y_0$를 하나의 특수해라고 하면 다른 해는 다음과 같다.

$$x=x_0+\frac{b}{d}k,\ y=y_0-\frac{a}{d}k,\ k\in\mathbb{Z}$$

다. 하나의 특수해 $x=10$, $y=21$은 쉽게 찾을 수 있다. 일반해는 정리에 의하여 $x=10+10k$, $y=21-7k$, $k\in\mathbb{Z}$이다. 그런데 일반해 중에서 x, y가 모두 양의 정수인 것을 찾아야 하므로 $x=10+10k>0$, $y=21-7k>0$이고 이에 의해 $k=0, 1, 2$의 값만 가질 수 있다. 따라서 주어진 방정식은 $x=10$, $y=21$; $x=20$, $y=14$; $x=30$, $y=7$의 양의 정수해를 갖는다.

라. x를 수탉, y를 암탉, z를 병아리의 수라고 하자. 주어진 식에서 다음 두 식을 얻을 수 있다.

$$\begin{cases} 5x+3y+\dfrac{z}{3} & =100\cdots ① \\ x+y+z & =100\cdots ② \end{cases}$$

①식의 양변에 3을 곱하여 ②을 빼면 $14x+8y=200$이다. 이 식의 특수해 $x=0$, $y=25$를 쉽게 구할 수 있다. 일반해는 $x=4k$, $y=25-7k$, $k\in\mathbb{Z}$이다. x, y는 0 또는 양의 정수이므로 $k=0, 1, 2, 3$의 값만 가질 수 있다. 따라서 다음을 알 수 있다. 즉, 수탉 0마리, 암탉 25마리, 병아리 75마리 ; 수탉 4마리, 암탉 18마리, 병아리 78마리 ; 수탉 8마리,

암탉 11마리, 병아리 81마리 ; 수탉 12마리, 암탉 4마리, 병아리 84마리.

바. 주어진 일차부등식 $ax+by=c$을 $ax'+by'=d$, $d=(a, b)$의 형태로 놓고 유클리드 알고리즘을 통해 이 변형된 식의 해를 하나 구한다. 이제 $dk=c$에 의해 $a(kx')+b(ky')=dk=c$이므로 $ax+by=c$의 한 해 kx', ky'를 구할 수 있다.

사. (2) (세 명의 경우)

나누어 가지는 화투의 장수와 바닥에 펼치는 화투의 장수를 각각 x, y라고 하면 쌓아 놓을 화투의 장수는 $48-3x-y$이다. 그런데 화투 놀이의 규칙에 의하여 $48-3x-y=3x$가 성립한다. 결국 일차 부정방정식 $6x+y=48$을 얻을 수 있고 $x=1$, $y=42$는 한 해임을 알 수 있다. 이제 일반해는 다음과 같이 주어진다.

$$\begin{cases} x=1+k \\ y=42-6k \end{cases}, \quad k \in \mathbb{Z}$$

결국 다음과 같은 여러 가지 해를 구할 수 있다.

$$\begin{cases} x=1 \\ y=42 \end{cases}, \begin{cases} x=2 \\ y=36 \end{cases}, \begin{cases} x=3 \\ y=30 \end{cases}, \begin{cases} x=4 \\ y=24 \end{cases},$$
$$\begin{cases} x=5 \\ y=18 \end{cases}, \begin{cases} x=6 \\ y=12 \end{cases}, \begin{cases} x=7 \\ y=6 \end{cases}$$

보통은 $\begin{cases} x=7 \\ y=6 \end{cases}$의 경우로 놀이를 한다.

(네 명의 경우)

나누어 가지는 화투의 장수와 바닥에 펼치는 화투의 장수를 각각 x, y라고 하면 쌓아 놓을 화투의 장수는 $48-4x-y$이다. 그런데 화투 놀이의 규칙에 의하여 $48-4x-y=4x$가 성립한다. 결국 일차 부정방정식 $8x+y=48$을 얻을 수 있고 (1, 40)은 한 해임을 알 수 있다. 이제 일반해는 다음과 같이 주어진다.

$$\begin{cases} x=1+k \\ y=40-8k \end{cases}, \ k \in \mathbb{Z}$$

결국 다음과 같은 여러 가지 해를 구할 수 있다.

$$\begin{cases} x=1 \\ y=40 \end{cases}, \begin{cases} x=2 \\ y=32 \end{cases}, \begin{cases} x=3 \\ y=24 \end{cases}, \begin{cases} x=4 \\ y=16 \end{cases}, \begin{cases} x=5 \\ y=8 \end{cases}$$

(3) 놀이를 하는 사람이 a명이라고 할 때 부정방정식 $2ax+y=48$을 얻을 수 있다. 한 해를 $x=1$, $y=48-2a$로 놓을 수 있는데 $48-2a>0$이어야 한다. 즉, $24>a$이기 때문에 최대 23명까지 게임을 할 수 있다.

과제 3.36 나. 세 개의 양의 정수 a, b, c에 대하여 위 정리는 다음과 같다. 즉, $a=p_1^{k_1}p_2^{k_2}\cdots p_t^{k_t}$, $b=p_1^{l_1}p_2^{l_2}\cdots p_t^{l_t}$, $c=p_1^{j_1}p_2^{j_2}\cdots p_t^{j_t}$라고 하자. 여기서 $p_1, p_2, \cdots p_t$는 서로 다른 소수이고 $k_i \geq 0$, $l_i \geq 0$, $j_i \geq 0$이다. 각 i $(1 \leq i \leq t)$에 대하여 $m_i=\min\{k_i, l_i, j_i\}$, $n_i=\max\{k_i, l_i, j_i\}$라고 하면 다음이 성립한다.

$$(a, b)=p_1^{m_1}p_2^{m_2}\cdots p_t^{m_t}, \ [a, b]=p_1^{n_1}p_2^{n_2}\cdots p_t^{n_t}$$

이제 세 수의 최소공배수를 구하기 위해서는 $n_i=\max\{k_i, l_i, j_i\}$를 구하여야 한다. 이를 위하여 각각의 소인수 p_i를 가지는 수가 하나라도 있으면 p_i로 나누고 p_i를 소인수로 가지지 않는 수는 그냥 다시 사용하는 과정을 반복하여야 한다. 이러한 과정을 알고리즘화한 것으로 볼 수 있다. p_i를 소인수로 가지는 수가 하나 뿐일 때에는 나누는 과정을 생략하여도 되지만 두 개 이상일 때에는 꼭 p_i로 나누어야 $n_i=\max\{k_i, l_i, j_i\}$를 옳게 얻을 수 있다. 첫 번째 방식과 두 번째 방식에서는 이러한 과정에 의한 것으로서 타당하다. 그러나 세 번째 방식에서는 소수가 아닌 수 10(=2×5)으로 나눔으로써 30과 70의 소인수 2를 떨어내었으나 12의 소인수 2는 떨어내지 못하여 잘못이다. 사실, 2는 뒤에서 중복 계산되어 최종 결과는 옳은 결과의 2배가 된다.

과제 3.38 가. n의 약수는 모두 $d=p_1^{f_1}p_2^{f_2}\cdots p_r^{f_r}$와 같은 꼴이다. 여기서 $f_i(0\le i\le r)$가 취할 수 있는 경우의 수는 e_i+1이다. 따라서 n의 양의 약수의 총 개수는 $\tau(n)=(e_1+1)(e_2+1)\cdots(e_r+1)$이다.

이제 $(1+p_1+p_1^2+\cdots+p_1^{e_1})(1+p_2+\cdots+p_2^{e_2})\cdots(1+p_r+\cdots+p_r^{e_r})$을 전개하면 $\tau(n)$개의 항이 나오고 각각의 항은 모두 n의 양의 약수이다. 따라서 이 값이 n의 양의 약수 전체의 합 $\sigma(n)$이다.

나. 원소의 개수가 n개인 집합의 부분집합은 각각의 원소를 포

함하든가 그렇지 않든가이다. 따라서 각 원소가 취할 수 있는 경우의 수는 2이다. 따라서 원소의 개수가 n개인 집합의 부분집합의 개수는 2^n이다. 물론 다음과 같이 설명할 수도 있다. 즉, 원소의 개수가 0개, 1개, …, n개인 것이 있다. 원소의 개수가 0개인 부분집합의 개수는 ${}_nC_0$이다. 또한 원소의 개수가 1개인 부분집합의 개수는 ${}_nC_1$이다. 마찬가지 방법으로 각 경우를 구하여 더하면 ${}_nC_0+{}_nC_1+{}_nC_2+\cdots+{}_nC_n=2^n$이다. 따라서 원소의 개수가 n개인 집합의 부분집합의 개수는 2^n이다.

과제 3.42 가. 임의의 정수 a, b, c에 대하여 부등식 $a<b$ 양변에 c를 더하면 $a+c<b+c$이고 양변에 c를 빼면 $a-c<b-c$이다. 양변에 양의 정수 c를 곱하면 $ac<bc$이다. 하지만 0을 곱하면 $0a=0b$이므로 부등식이 성립하지 않고 음의 정수 c를 곱하면 $ac>bc$이다.

나. $7\equiv 21 \pmod 7$이나 양변을 7로 나누면 $1\equiv 3 \pmod 7$이 되어 모순이다.

과제 3.44 가. (1) '$ab=0\Rightarrow a=0$ 또는 $b=0$'임을 보이는 것은 '$ab=0$ 이고 $a\neq 0$이면 $b=0$'임을 보이는 것과 같다. $a\neq 0$이므로 a의 곱셈에 관한 역원 a^{-1}이 존재한다. $ab=0$양변에 a^{-1}를 곱하면 $a^{-1}(ab)=a^{-1}0$이고, $(a^{-1}a)b=a^{-1}0$이므로 $b=0$이다.

(2) '$ab=ac\Rightarrow a=0$ 또는 $b=c$'임을 보이기 위해 '$ab=ac$이

고 $a \neq 0$이면 $b=c$'임을 보이면 된다. $a \neq 0$이므로 a의 곱셈에 관한 역원 a^{-1}이 존재한다. $ab=ac$ 양변에 a^{-1}를 곱하여 $b=a^{-1}(ab)=a^{-1}(ac)=c$임을 알 수 있다.

나. (1) $3 \cdot 2 \equiv 0 \pmod 6$이지만 $3n \equiv 0 \pmod 6$이고 $2n \equiv 0 \pmod 6$이다.

(2) $2 \equiv 8 \pmod 6$이지만 $2n \equiv 0 \pmod 6$이고 $1n \equiv 4 \pmod 6$이다.

과제 3.49 나. (1) $\bar{0}$, $\bar{1}$은 각각 $\overline{\mathbb{Z}_4}$에서의 덧셈과 곱셈에 관한 항등원이다.

(2) 덧셈과 곱셈의 연산표는 주대각선에 관하여 대칭이다. 이는 덧셈과 곱셈에 관하여 교환법칙이 성립한다는 것을 나타낸다.

과제 3.50 가. (1) $k=a_n 10^n + a_{n-1}10^{n-1} + \cdots + a_1 10 + a_0$에서 십의 자리 이상의 각 자리는 10으로 나누어떨어지므로 k의 일의자리 숫자 a_0가 0이어야 한다.

(2)
$$\begin{aligned} k &= a_n 10^n + a_{n-1}10^{n-1} + \cdots + a_1 10 + a_0 \\ &= a_n 2^n 5^n + a_{n-1}2^{n-1}5^{n-1} + \cdots + a_1(2 \times 5) + a_0 \end{aligned}$$

에 의해 십의 자리 이상의 각 자리는 5로 나누어떨어진다. a_0가 5로 나누어떨어지면 수 k가 5로 나누어떨어진다. a_0가 5로 나누어떨어지려면 a_0는 0 또는 5이어야 한다.

(3) $k = a_n 10^n + a_{n-1} 10^{n-1} + \cdots + a_1 10 + a_0$

$= a_n 2^n 5^n + a_{n-1} 2^{n-1} 5^{n-1} + \cdots + a_1 (2 \times 5) + a_0$

에 의해 십의 자리 이상의 각 자리는 2로 나누어떨어진다. 따라서 일의 자리 숫자 a_0가 2로 나누어떨어지면 수 k가 2로 나누어떨어진다.

(4) $k = a_n 10^{n-2} 10^2 + a_{n-1} 10^{n-3} 10^2 + \cdots + a_2 10^2 + a_1 10 + a_0$

$= a_n 10^{n-2} 5^2 2^2 + a_{n-1} 10^{n-3} 5^2 2^2 + \cdots + a_2 5^2 2^2 + a_1 10 + a_0$

에 의해 백의 자리 이상의 각 자리는 4로 나누어떨어진다. 즉, a_1의 10배와 a_0의 합이 4로 나누어떨어지면 수 k가 4로 나누어떨어진다.

(5) $k = a_n 10^n + a_{n-1} 10^{n-1} + \cdots + a_1 10 + a_0$

$= a_n (9+1)^n + a_{n-1} (9+1)^{n-1} + \cdots + a_1 (9+1) + a_0$

에 의해 수 k의 십의 자리 이상의 각 자리의 수는 9로 나누었을 때 그 자리의 숫자 a_i만 남는다. 즉 각 자리 숫자의 합 $a_n + a_{n-1} + \cdots + a_0$이 9로 나누어떨어지면 수 k가 9로 나누어떨어진다고 볼 수 있다.

3으로 나누는 경우도 마찬가지이다. 9는 3으로 나누어떨어지므로 위의 경우와 같이하면 각 자리 숫자의 합이 3으로 나누어떨어질 때에 k가 3으로 나누어떨어진다.

(6) (수 k가 6으로 나누어떨어질 필요충분조건)

수 k가 3의 배수이면서 2의 배수이어야 한다. 즉, 각 자리 숫자의 합이 3의 배수이고 일의 자리 숫자 a_0가 짝수이면 수 k는 6으로 나누어떨어진다.

(수 k가 8로 나누어떨어질 필요충분조건)

$$
\begin{aligned}
k &= a_n 10^{n-3} 10^3 + a_{n-1} 10^{n-4} 10^3 + \cdots + a_3 10^3 + a_2 10^2 \\
&\quad + a_1 10 + a_0 \\
&= a_n 10^{n-3} 5^3 2^3 + a_{n-1} 10^{n-4} 5^3 2^3 + \cdots + a_3 5^3 2^3 + a_2 5^2 2^2 \\
&\quad + a_1 10 + a_0
\end{aligned}
$$

에서 천의 자리 이상의 수는 모두 $2^3 = 8$로 나누어떨어진다. 즉, a_2를 100배 한 수와 a_1을 10배 한 수, 그리고 a_0의 합이 8로 나누어떨어지면 수 k가 8로 나누어떨어진다.

(수 k가 11로 나누어떨어질 필요충분조건)

$$
\begin{aligned}
k &= a_n 10^n + a_{n-1} 10^{n-1} + \cdots + a_1 10 + a_0 \\
&= a_n (11-1)^n + a_{n-1} (11-1)^{n-1} + \cdots + a_1 (11-1) + a_0
\end{aligned}
$$

에서 각 자리 수를 11로 나누면 $a_n(-1)^n + a_{n-1}(-1)^{n-1} + \cdots + a_1(-1) + a_0$이 남는다. 따라서 일의 자리, 백의 자리, 만의 자리 등 10의 짝수 제곱한 자리의 숫자에서 10의 홀수 제곱한 자리의 숫자를 빼준 수가 11로 나누어떨어지면 수 k가 11로 나누어떨어진다.

(7) (가) 주어진 수의 일의 자리 부분을 없애고 남은 부분에서 일의 자리 수의 두 배를 뺀 수가 7의 배수이면 원래

의 수는 7의 배수이다. 이를 다음과 같이 설명할 수 있다. 주어진 수를 $k = a_n 10^n + a_{n-1} 10^{n-1} + \cdots + a_1 10 + a_0$ 라고 하고 하면 이 수의 일의 자리 부분을 없애고 남은 부분은 $k' = a_n 10^{n-1} + a_{n-1} 10^{n-2} + \cdots + a_2 10 + a_1$ 이다. 이제, $k' - 2a_0 = 7l$, $l \in \mathbb{Z}$라고 하면 $10k' - 20a_0 = 70l$이다. $10k' - 20a_0 = k - 21a_0$이므로 k는 7의 배수이다. 한편, 어떤 수가 7의 배수이면 그 수의 일의 자리 부분을 없애고 남은 부분에서 일의 자리 수의 두 배를 뺀 수는 7의 배수이다.

(나) $1001 \equiv -1 \pmod 7$임에 착안하여 $k = a_n 10^n + a_{n-1} 10^{n-1} + \cdots + a_1 10 + a_0$를 다음과 같은 꼴로 바꾼다.

$$(a_m 10^2 + a_{m-1} 10 + a_{m-2}) 10^{3k} + \cdots$$
$$+ (a_5 10^2 + a_4 10 + a_3) 10^3 + (a_2 10^2 + a_1 10 + a_0)$$

이제 다음을 알 수 있다.

$$k \equiv (a_m 10^2 + a_{m-1} 10 + a_{m-2})(-1)^k + \cdots$$
$$- (a_5 10^2 + a_4 10 + a_3) + (a_2 10^2 + a_1 10 + a_0) \pmod 7$$

주어진 수를 뒤에서부터 세 자리 씩 끊어 만든 세 자리 수들을 더하기, 빼기, 더하기를 반복하여 마지막으로 얻은 수가 7의 배수이면 원래의 수가 7의 배수임을 알 수 있다. 한편, $1000 \equiv -1 \pmod{13}$이므로 위와 같은 이유로, 주어진 수를 뒤에서부터 세 자리 씩 끊어 만든 세 자리 수들을 더하기, 빼기, 더하기를 반복하여 마지막으로 얻은 수가 13의 배수이면 원래의 수가 13의 배수임을 알 수 있다. 참고로, $1000 \equiv -1 \pmod{11}$이므로 이 방법으로 11의 배수임을 판별할 수 있지만 $10 \equiv -1 \pmod{11}$을 이용하는 것이 효과적이다.

나. (1) 로마 표기법이나 중국 표기법에는 자리값의 개념이 없지만 아라비아 표기법에는 자릿값의 개념이 있다. 예를 들어 365는 삼백육십오를 표기한 것으로 $3\times10^2+6\times10+5\times1$의 값을 나타낸다.

(2) 자리값 개념은 무한히 많은 수를 나타내기에 발생하는 어려움을 줄여준다. 예를 들어 10이나 100을 표기할 때 자리값을 나타내는 숫자가 아닌 계속 다른 숫자를 만들어야 한다면 그를 기억하여 표기하는 것도, 읽어내는 것도 매우 번거로운 일이 된다. 자릿값 개념을 통해 수를 단위로 생각할 수 있고 연산을 편리하게 할 수 있다.

(3) 자리값 개념의 구현에서 중요한 역할을 한다. 예를 들어, 110과 101에서 0의 의미는 다르다.

다. 먼저 $\mathbb{Z}_5=\{\bar{0}, \bar{1}, \bar{2}, \bar{3}, \bar{4}\}$이고 $\mathbb{Z}_6=\{\bar{0}, \bar{1}, \bar{2}, \bar{3}, \bar{4}, \bar{5}\}$이다. 이제 $\bar{a}, \bar{b}\in\mathbb{Z}_5$에 대해 $\bar{a}=5k+a,\ k\in\mathbb{Z}$이고 $\bar{b}=5k'+b,\ \ k'\in\mathbb{Z}$이므로 $\bar{a}\,\bar{b}=(5k+a)(5k'+b)=5^2kk'+5kb+5k'a+ab=\overline{ab}$이다. 따라서 곱셈이 잘 정의된다. $\mathbb{Z}_6$에서도 마찬가지로 곱셈이 잘 정의된다. 하지만 $\mathbb{Z}_5$에서의 곱셈과 $\mathbb{Z}_6$에서의 곱셈은 다르다. 왜냐하면 똑같이 동치류 $\bar{a}$와 $\bar{b}$

를 곱한 것이라도 ab를 5로 나눈 것과 6으로 나눈 것의 나머지는 다르기 때문이다. 또한 $\mathbb{Z}_5$와 $\mathbb{Z}_6$에서의 곱셈에 관한 항등원은 $\bar{1}$이다. 따라서 $\bar{a} \in \mathbb{Z}_5$의 곱셈에 관한 역원 $\bar{x}$는 $\bar{a}\,\bar{x} = \bar{x}\,\bar{a} = \bar{x}$, 즉 $\overline{ax} = \bar{1}$을 만족시켜야 한다. 따라서 $\bar{1}$은 $\bar{1}$, $\bar{2}$는 $\bar{3}$, $\bar{3}$은 $\bar{2}$, $\bar{4}$는 $\bar{4}$의 곱셈에 관한 역원이다. $\bar{a} \in \mathbb{Z}_6$의 경우에도 $\overline{ax} = \bar{1}$이어야 하므로 $\bar{1}$은 $\bar{1}$, $\bar{5}$은 $\bar{5}$의 곱셈에 관한 역원이다. $\mathbb{Z}_6$에서 역원이 없는 원소는 6과 서로소가 아닌 수들이다. 일반적으로 $\mathbb{Z}_n$에서 법 n이 소수인 경우에는 원소가 모두 법과 서로소이므로 곱셈에 관한 역원을 가지지만, 합성수인 경우, 법과 서로소가 아닌 원소는 곱셈에 관한 역원을 가지지 않는다.

과제 3.51 가. (1) (가) $ax=b$와 같은 모양의 방정식에서 $a=0$이고 $b=0$이면 해는 무수히 많으나, $a=0$이지만 $b \neq 0$이면 해는 존재하지 않는다. 왜냐하면 $0x=0$인 경우 x에 어떤 수를 대입하여도 성립하지만 $0x=b$, $(b \neq 0)$이므로 해가 존재하지 않는다.

(나) $a \neq 0$이면 곱셈에 관한 역원 a^{-1}이 유일하게 존재하므로 $ax=b$의 양변에 a^{-1}을 곱하면 $a^{-1}(ax) = a^{-1}b$이고 $(a^{-1}a)x = a^{-1}b$이므로 $x = \dfrac{b}{a}$으로서 유일하다. 유일하다는 것을 다음과 같이 설명할 수도 있다. 즉, x'이 $ax=b$의 또 다른 해라고 하면 $ax'=b$이다. 따라서 $ax=ax'$이고 $a \neq 0$이므로

$x=x'$이다.

(2) (가) $ad-bc=0$이면 A의 역행렬이 존재하지 않는다. 이 때 $A=\begin{pmatrix} a & b \\ c & d \end{pmatrix}$라 하고 $B=\begin{pmatrix} e \\ f \end{pmatrix}$라 할 때 $\frac{a}{c}=\frac{b}{d}=\frac{e}{f}$이면 해가 무수히 많다. 반면 $\frac{a}{c}=\frac{b}{d}\neq\frac{e}{f}$이면 해가 존재하지 않는다.

(나) $ad-bc\neq 0$이면 $A^{-1}=\frac{1}{ad-bc}\begin{pmatrix} d & -b \\ -c & a \end{pmatrix}$으로서 유일하다. 따라서 $AX=B$이고 $A^{-1}(AX)=A^{-1}B$, $(A^{-1}A)X=A^{-1}B$이므로 $X=A^{-1}B$가 유일한 해이다.

나. (1) $\mathbb{Z}_5=\{0, 1, \cdots, 4\}$에서 다음을 알 수 있다.

$$\overline{2\cdot 0}=\bar{2}\cdot\bar{0}\equiv 0 \pmod 5,\ \overline{2\cdot 1}=\bar{2}\cdot\bar{1}\equiv 2 \pmod 5,$$
$$\overline{2\cdot 2}=\bar{2}\cdot\bar{2}\equiv 4 \pmod 5,\ \overline{2\cdot 3}=\bar{2}\cdot\bar{3}\equiv 1 \pmod 5,$$
$$\overline{2\cdot 4}=\bar{2}\cdot\bar{4}\equiv 3 \pmod 5.$$

따라서 해는 $x\equiv 4 \pmod 5$로 하나 존재한다.

(2) $\mathbb{Z}_6=\{0, 1, \cdots, 4, 5\}$에서 다음을 알 수 있다.

$$\overline{2\cdot 0}=\bar{2}\cdot\bar{0}\equiv 0 \pmod 6,\ \overline{2\cdot 1}=\bar{2}\cdot\bar{1}\equiv 2 \pmod 6,$$
$$\overline{2\cdot 2}=\bar{2}\cdot\bar{2}\equiv 4 \pmod 6,\ \overline{2\cdot 3}=\bar{2}\cdot\bar{3}\equiv 0 \pmod 6,$$
$$\overline{2\cdot 4}=\bar{2}\cdot\bar{4}\equiv 2 \pmod 6,\ \overline{2\cdot 5}=\bar{2}\cdot\bar{5}\equiv 4 \pmod 6.$$

따라서 해는 $x\equiv 2 \pmod 6$, $x\equiv 5 \pmod 6$ 두 개 존재한다.

(3) $\mathbb{Z}_4=\{0, 1, 2, 3\}$에서 다음을 알 수 있다.

$$\overline{2\cdot 0}=\overline{2}\cdot\overline{0}\equiv 0 \pmod 4,\ \overline{2\cdot 1}=\overline{2}\cdot\overline{1}\equiv 2 \pmod 4,$$
$$\overline{2\cdot 2}=\overline{2}\cdot\overline{2}\equiv 2 \pmod 4,\ \overline{2\cdot 3}=\overline{2}\cdot\overline{3}\equiv 2 \pmod 4$$

따라서 해가 존재하지 않는다.

과제 3.54 가. $8x\equiv 4 \pmod{14} \Leftrightarrow 8x-4=14k$, $k\in\mathbb{Z}$이다. $8x-14k=4$이므로 $-k=y$이라고 하면 $8x+14y=4$이다. 즉, $4x+7y=2$의 해를 유클리드 알고리즘을 이용하여 구해주면 $7=4\times 1+3$이고 $7=4\times 2-1$이므로 $4\times 2+7\times(-1)=1$이다. 양변에 2를 곱하면 $8\times 2+14\times(-1)=2$이다. 다시 양변에 2를 곱하면 $8\times 4+14\times(-2)=4$이다. $x=4$, $y=-2$이므로 $8x=4 \pmod{14}$의 한 해는 $x=4 \pmod{14}$이다.

나. 정리 3.53에 의하여 $8x\equiv 4 \pmod{14}$는 2개의 합동이 아닌 해를 가진다. 또한 4는 이 일차 합동식의 해이므로 정리 3.53에 의하여 나머지 합동이 아닌 해는 $x\equiv 4+\frac{14}{2}\times 1\equiv 11$ $\pmod{14}$이다.

과제 3.55 가. 연립합동식의 해는 2, 3, 5 의 최소공배수이므로 30이다. 사실, $x\equiv 0 \pmod{30}$을 만족시키는 가장 작은 자연수가 30이다. 따라서 최소의 정육면체의 탑을 만들기 위해서는 $\frac{30}{2}\times\frac{30}{3}\times\frac{30}{5}=900$개의 블록이 필요하다.

나. 연립합동식의 해를 x라고 하면 $x-1$는 2, 3, 5의 최소공배수이므로 $x-1=30$이다. 사실, $x\equiv 1 \pmod{30}$을 만족시키며 1보다 큰 자연수 중에서 가장 작은 것은 31이다.

다. 연립합동식의 해를 x라고 하면 $x+1$은 2, 3, 5의 최소공배수이므로 $x+1=30$이다. 사실, $x\equiv-1 \pmod{30}$을 만족시키는 가장 작은 자연수는 29이다.

과제 3.57 가. 2, 3, 5는 쌍마다 서로 소이다. $m_1=2$, $m_2=3$, $m_3=5$라고 하자. $M=m_1m_2m_3$이므로 $M=2\times3\times5=30$이다. 또한 $M_i=\frac{M}{m_i}$ $(i=1, 2, 3)$이므로 $M_1=\frac{M}{m_1}=\frac{30}{2}=15$, $M_2=\frac{M}{m_2}=\frac{30}{3}=10$, $M_3=\frac{M}{m_3}=\frac{30}{5}=6$이다. 또한 $(M_i, m_i)=1$이므로 $M_iN_i\equiv1 \pmod{m_i}$ $(i=1, 2, 3)$인 정수 N_i가 있다. 즉, $15\cdot N_1\equiv1 \pmod 2$, $10\cdot N_2\equiv1 \pmod 3$, $6\cdot N_2\equiv1 \pmod 5$이다. $N_1=N_2=N_3=1$이라고 하면 $u=M_1N_1c_1+M_2N_2c_2+M_3N_3c_3$이므로 $u=15\times1\times1+10\times1\times2+6\times1\times3=53$이므로 $x\equiv23 \pmod{30}$이 해이다.

다. $8x\equiv4 \pmod{14}$의 해는 $x\equiv4 \pmod{14}$, $x\equiv11 \pmod{14}$이고 $5x\equiv3 \pmod{11}$의 해는 $x\equiv5 \pmod{11}$이다. 따라서 다음과 같이 두 쌍의 연립 합동식을 얻는다.

$$\begin{cases} x\equiv4 \pmod{14} \\ x\equiv5 \pmod{11} \end{cases}, \quad \begin{cases} x\equiv11 \pmod{14} \\ x\equiv5 \pmod{11} \end{cases}$$

위의 각각의 연립합동식에 중국인의 나머지 정리를 적용하여 각각의 해 $x\equiv60 \pmod{154}$, $x\equiv137 \pmod{154}$를 구할 수 있다.

과제 3.58 가. $\frac{3}{4}+\frac{7}{9}$과 같이 분모가 다른 두 개 또는 그 이상의 분수를 더할 때에는 분모를 통분하여야 한다. 통분할 때에는 분모들의 공배수를 구해야 한다. 이 때, 최소공배수를 구하면 효과적으로 통분할 수 있다. 한편, 분수를 약분한다는 것은 분자와 분모의 공약수로 나눈다는 말이고, 분자와 분모의 최대공약수로 나누면 기약분수를 얻는다.

나. (1) 모든 학생의 번호 전체의 집합을 3을 법으로 하여 동치류로 나누는 방법도 생각할 수 있다.

마. 공약수를 자연수의 범위에서만 생각한다면 '최소'인 공약수는 항상 1이다. 따라서 이 경우에는 '최소공약수'라는 개념은 의미가 없다. 한편, 이 책에서처럼 공약수를 정수의 범위에서 생각한다면 '최소'인 공약수는 −(최대공약수) 이다. 결국, 이 경우에도 '최소공약수'라는 개념은 의미가 없다. 한편, 공배수를 자연수 집합에서 정의하든지 정수 집합에서 정의하든지 '최대공배수'는 정의되지 않는다.

제Ⅳ장

복 습

10. 가. 초·중등학교에서는 자연수 집합에서 약수, 배수, 최대공약수, 최소공배수를 생각한다. 그러나 그러한 개념을 정수 전체의 집합에서도 생각할 수 있다. 1 보다 큰 자연수 p가 소수라는 말은 p가 ± 1, $\pm p$만을 약수로 가진다는 것이다.

나. 자연수 전체의 집합을 법 9로 하여 동치관계를 정의할 수 있다. 이 동치관계로부터 법을 9로 하는 일차합동식을 생각할 수 있는데 합동식의 성질로부터 9의 배수 판정법을 유도할 수 있다.

과제 4.5 가. (1) $\mathbb{Z}_6=\{0, 1, 2, 3, 4, 5\}$에서 2, 3, 그리고 4는 영인자이다.

$$2 \cdot 3=6=0 \pmod 6$$
$$3 \cdot 4=12=0 \pmod 6$$

(2) 행렬환 $\mathrm{Mat}_2(\mathbb{R})$에서 $\begin{pmatrix}1 & 0\\0 & 0\end{pmatrix}$과 $\begin{pmatrix}0 & 0\\0 & 1\end{pmatrix}$은 모두 영인자이다. 사실, $\begin{pmatrix}1 & 0\\0 & 0\end{pmatrix}\neq 0$이고 $\begin{pmatrix}0 & 0\\0 & 1\end{pmatrix}\neq 0$인데 $\begin{pmatrix}1 & 0\\0 & 0\end{pmatrix}\begin{pmatrix}0 & 0\\0 & 1\end{pmatrix}=\begin{pmatrix}0 & 0\\0 & 0\end{pmatrix}$이다.

나. 임의의 x, $y\in\mathbb{R}$에 대하여 '$xy=0$이고 $x\neq 0$이면 $y=0$이

다'를 증명한다. 실제로, $x\neq 0$이므로 $xy=0$의 양변에 $\frac{1}{x}$을 곱하면 $\frac{1}{x}\cdot xy=\frac{1}{x}\cdot 0$이다. 즉, $y=0$이다. 따라서 $\mathbb{R}$는 정역이다. 마찬가지 방법으로 임의의 체는 정역임을 보일 수 있다.

과제 4.8 임의의 집합 V에 정의된 연산이라는 것은 다음과 같이 정의된 함수 △이다.

$$\triangle : V\times V\rightarrow V$$
$$(v_1, v_2)\ \mapsto v_1\triangle v_2$$

그러나 스칼라 배는 $\mathbb{R}\times V\rightarrow V$인 함수이므로 V에서의 연산이 아니다.

*과제 4.9 특히, $\left\{\begin{pmatrix}1 & 0\\ 0 & \alpha\end{pmatrix}\ \middle|\ 0\neq\alpha\in\mathbb{R}\right\}\subset \mathrm{GL}_2(\mathbb{R})$이므로 $\mathrm{GL}_2(\mathbb{R})$가 무한집합임을 알 수 있고, $\begin{bmatrix}1 & 1\\ 1 & 0\end{bmatrix}\begin{bmatrix}1 & 0\\ 1 & 1\end{bmatrix}=\begin{bmatrix}0 & 1\\ 1 & 0\end{bmatrix}\neq$ $\begin{bmatrix}1 & 0\\ 1 & 1\end{bmatrix}\begin{bmatrix}1 & 1\\ 1 & 0\end{bmatrix}=\begin{bmatrix}1 & 1\\ 0 & 1\end{bmatrix}$이므로 곱셈연산은 비가환적이다.

과제 4.10 (2) 먼저, 다음을 알 수 있다.

(가) $\overline{a}, \overline{b}, \overline{c}\in\mathbb{Z}_n$에 대하여

$$\begin{aligned}&\overline{a}+(\overline{b}+\overline{c})=\overline{a}+(\overline{b+c})\\&=\overline{a+(b+c)}=\overline{(a+b)+c}=\overline{(a+b)}+\overline{c}=(\overline{a}+\overline{b})+\overline{c}\end{aligned}$$

(결합법칙)

(나) $\bar{0} \in \mathbb{Z}_n$이 존재하여 모든 $\bar{a} \in \mathbb{Z}_n$에 대하여 $\bar{a} + \bar{0} = \bar{0} + \bar{a} = \bar{a}$이다.

(다) 모든 $\bar{a} \in \mathbb{Z}_n$에 대하여 $-\bar{a} \in \mathbb{Z}_n$이 존재하여 $\bar{a} + (-\bar{a}) = (-\bar{a}) + \bar{a} = \bar{0}$이다.

(라) 모든 $\bar{a}, \bar{b} \in \mathbb{Z}_n$에 대하여 $\bar{a} + \bar{b} = \overline{a+b} = \overline{b+a} = \bar{b} + \bar{a}$이다. 이제 $|\mathbb{Z}_n| = n$이므로 $(\mathbb{Z}_n, +)$은 유한 가환군이다.

과제 4.11 (1) $S_3 = \{1, (12), (13), (23), (123), (132)\}$

	1	(12)	(13)	(23)	(123)	(132)
1	1	(12)	(13)	(23)	(123)	(132)
(12)	(12)	1	(132)	(123)	(23)	(13)
(13)	(13)	(123)	1	(132)	(12)	(23)
(23)	(23)	(132)	(123)	1	(13)	(12)
(123)	(123)	(13)	(23)	(12)	(132)	1
(132)	(132)	(23)	(13)	(13)	1	(123)

(2) S_3의 위수는 6이고, $(12)(23) = (123) \neq (132) = (23)(12)$이므로 비가환군이다.

(3) 세 개의 수선에 관한 선대칭(반사) 변환 세 개와 원점을 중심으로 하여 0°, 120°, 240° 회전변환 세 개로 S_3가 이루어진다. 각각의 꼭지점을 1, 2, 3이라고 하면 합동변환을 위 (1)과 같이 나타낼 수 있고, 합동변환 사이의 연산은 위의 표와 같다.

과제 4.12 (가) $\mathbb{Q}(\sqrt{2})=\{a+b\sqrt{2} \mid a, b\in\mathbb{Q}\}$에는 덧셈과 곱셈이 잘 정의된다. $\mathbb{Q}(\sqrt{2})$는 덧셈에 관하여 결합 법칙이 성립한다. 영원 $0=0+0\sqrt{2}$가 있다. $a+b\sqrt{2}$의 덧셈에 관한 역원은 $(-a)+(-b)\sqrt{2}$이다. 덧셈에 관하여 교환법칙이 성립한다. 한편, $\mathbb{Q}(\sqrt{2})$는 곱셈에 관하여 결합법칙이 성립한다. 단위원(곱셈에 관한 항등원) $1=1+0\sqrt{2}$가 있다. 곱셈에 관하여 교환법칙이 성립한다. $\mathbb{Q}(\sqrt{2})$는 덧셈에 대한 곱셈의 분배 법칙이 성립한다. 따라서 $\mathbb{Q}(\sqrt{2})$는 단위원을 가지는 가환환이다. 이제, $\mathbb{Q}(\sqrt{2})$의 0이 아닌 임의의 원소 $a+b\sqrt{2}$는 분모의 유리화를 통하여 곱셈에 관한 역원을 가짐을 알 수 있다. 사실, $\dfrac{1\times(a-b\sqrt{2})}{(a+b\sqrt{2})\times(a-b\sqrt{2})}$ $=\dfrac{a-b\sqrt{2}}{a^2-2b}$이다. 여기서 $\dfrac{a}{b}$는 유리수이므로 $a^2\neq 2b^2$이다. 따라서 $\mathbb{Q}(\sqrt{2})$는 체이다.

(나) $\mathbb{Q}(\sqrt{2})$의 0이 아닌 임의의 원소가 곱셈에 관한 역원을 가짐을 증명하는 과정이다.

(다) $\mathbb{C}=\{a+bi \mid a, b\in\mathbb{R}\}$가 체임을 위 (가)에서와 같은 방법으로 증명할 수 있다. 이 때, $\mathbb{C}$의 0이 아닌 임의의 원소가 곱셈에 관한 역원을 가짐을 증명하는 과정이 분모의 실수화이다.

과제 4.13 $\begin{pmatrix}1 & 1\\1 & 0\end{pmatrix}\begin{pmatrix}1 & 0\\1 & 1\end{pmatrix}=\begin{pmatrix}2 & 1\\1 & 0\end{pmatrix}\neq\begin{pmatrix}1 & 1\\2 & 1\end{pmatrix}=\begin{pmatrix}1 & 0\\1 & 1\end{pmatrix}\begin{pmatrix}1 & 1\\1 & 0\end{pmatrix}$

과제 4.14 (1) 분명히 덧셈에 대해 가환군이다. 이제, 임의의 $x, y, z \in R$에 대해

$$x \cdot (y \cdot z) = 0 = (x \cdot y) \cdot z,$$
$$0 = x \cdot (y+z) = x \cdot y + x \cdot z = 0 + 0 = 0,$$

그리고 $x \cdot y = 0 = y \cdot z$이다. 따라서 $(R, +, \cdot)$는 가환환이다.

(2) 임의의 자연수 n, $n \geq 2$에 대하여 가환환 $\mathbb{Z}_n$에서는 $1 \cdot 1 = 1 \neq 0$이므로 $\mathbb{Z}_n$는 위의 환과 다르다.

과제 4.15 2×2 행렬의 네 개 성분 중 각 성분이 취할 수 있는 값은 0 또는 1로서 두 가지 경우이고, 서로 독립적이므로 $\mathrm{Mat}_2(\mathbb{Z}_2)$의 위수는 $2^4 = 16$이다.

과제 4.16 (1) (나) 먼저, n이 소수이면 $\mathbb{Z}_n$이 정역임을 보인다. 분명히 $\mathbb{Z}_n$은 단위원을 가지는 가환환이다. 이제 $ab = 0$, $a \neq 0$라고 하자. n이 소수이기 때문에 $(a, n) = 1$이다. 따라서 $as + nt = 1$인 정수 s, t가 존재한다. 그러므로 $as \equiv 1 \pmod{n}$이고 법 n에 관하여 a의 역원 $a^{-1} = s$가 존재한다. 따라서 $b = a^{-1}ab = a^{-1}0 = 0$ 즉, $b = 0$이다. 그러므로 n이 소수이면 $\mathbb{Z}_n$이 정역이다. 이제, $\mathbb{Z}_n$이 정역이면 $\mathbb{Z}_n$가 체임을 보인다. 임의의 $a \in \mathbb{Z}_n - \{0\}$와 임의의 $b, c \in \mathbb{Z}_n$에 대하여 다음이 성립한다.

$$ab=ac \Rightarrow ab-ac=0 \Rightarrow a(b-c)=0 \Rightarrow b-c$$

따라서 $\{ab \mid b \in \mathbb{Z}_n\} = \mathbb{Z}_n$이므로 $ab=1$인 원소 $b \in \mathbb{Z}_n$가 존재한다. 따라서 $\mathbb{Z}_n$은 체이다. 마지막으로, $\mathbb{Z}_n$이 체이면 n이 소수임을 보인다. 이를 위하여 n이 합성수라고 가정하자. 그러면 $xy=n$인 두 양의 정수 x, $y(0<x,\ y<n)$가 존재한다. 그런데 $xy \equiv 0 \pmod{n}$ 이므로 x, y는 영인자가 된다. 이것은 $\mathbb{Z}_n$이 체라는 사실에 모순이다. 따라서 n은 소수이다.

*(3) (가) $2 \in \mathbb{Z}$는 곱셈에 관한 역원을 가지지 않는다. 따라서 $\mathbb{Z}$는 체가 아니다.

(나) 복소수 개념을 확장하여 $\mathbb{H}$를 형식적인 합 $a_0+a_1 i+a_2 j+a_3 k(a_0,\ a_1,\ a_2,\ a_3 \in \mathbb{R})$ 전체의 집합이라고 하자. 즉,

$$\mathbb{H} = \{a_0+a_1 i+a_2 j+a_3 k \mid a_0, a_1, a_2, a_3 \in \mathbb{R}\}$$

이다. 여기서, 세 수 i, j, k는 다음과 같은 조건을 만족시키는 것으로 한다.

$$\begin{aligned} &i^2=j^2=k^2=-1, \\ &ij=-ji=k, \\ &jk=-kj=i, \\ &ki=-ik=j, \end{aligned}$$

이제, $\mathbb{H}$의 임의의 두 원소 $a_0+a_1 i+a_2 j+a_3 k$와

$b_0+b_1i+b_2j+b_3k$에 대하여 상등, 덧셈, 그리고 곱셈을 다음과 같이 정의한다.

(상등) $a_0+a_1i+a_2j+a_3k=b_0+b_1i+b_2j+b_3k$

$\Leftrightarrow a_0=b_0,\ a_1=b_1,\ a_2=b_2,\ a_3=b_3$

(덧셈) $(a_0+a_1i+a_2j+a_3k)+(b_0+b_1i+b_2j+b_3k)$

$=(a_0+b_0)+(a_1+b_1)i+(a_2+b_2)j+(a_3+b_3)k$

(곱셈) $(a_0+a_1i+a_2j+a_3k)(b_0+b_1i+b_2j+b_3k)$

$=(a_0b_0-a_1b_1-a_2b_2-a_3b_3)$

$+(a_0b_1+a_1b_0+a_2b_3-a_3b_2)i$

$+(a_0b_2+a_2b_0+a_2b_3-a_3b_2)j$

$+(a_0b_3+a_3b_0+a_1b_2-a_2b_1)k.$

$\mathbb{H}$의 원소를 사원수(quaternion)라고 하는데, $\mathbb{H}$는 나눗셈환이지만 체가 아니다.

(다) 유한 정역은 체임을 다음과 같이 증명할 수 있다. $D=\{a_1,\ a_2,\ \cdots,\ a_n\}$이 정역이라고 하자. 임의의 $a_i \in D$ ($a_i \neq 0$, 0은 D의 덧셈에 관한 항등원)에 대하여 다음이 성립한다.

$$a_iD=\{a_ia_1,\ a_ia_2,\ \cdots,\ a_ia_n\}\subset D$$

이제, $a_ia_j=a_ia_k$라고 하면 $a_i(a_j-a_k)=0$인데 D가 정역이므로 $a_i=0$ 또는 $a_j-a_k=0$이다. 그런데 $a_i\neq 0$이므로 $a_j-a_k=0$ 즉 $a_j=a_k$이다. 따라서 $a_iD=D$이다.

이제 $1 \in D = a_i D$이므로 $a_i a_j = 1$인 $a_j \in D$가 존재한다. 다음과 같이 증명할 수도 있다. D는 유한집합이므로 임의의 원소 $a(\neq 0)$에 대하여 $a^i = a^j$, $i < j$인 자연수 i, j가 있다. 이제 $a^i - a^j = a^i(1 - a^{j-i}) = 0$인데 $a^i \neq 0$이므로 $a^{j-i} = 1$이다. 따라서 a는 곱셈에 관한 역원을 가진다.

(라) Wedderburn 정리(Herstein, 1975)에 의하면 유한 나눗셈환은 체이다.

과제 4.17 $\mathbb{R}^n$에서의 스칼라 배는 다음과 같다. 임의의 스칼라 $\lambda \in \mathbb{R}$와 임의의 $(x_1, \cdots, x_n) \in \mathbb{R}^n$에 대해 $\lambda(x_1, \cdots, x_n) = (\lambda x_1, \cdots, \lambda x_n) \in \mathbb{R}^n$이다. 한편, $\mathrm{Mat}_{n \times n}(\mathbb{R})$에서의 스칼라 배는 다음과 같다. 임의의 스칼라 λ와 임의의 $\begin{bmatrix} a_{11} & \cdots & a_{1n} \\ \cdots & & \cdots \\ a_{n1} & \cdots & a_{nn} \end{bmatrix} \in$ $\mathrm{Mat}_{n \times n}(\mathbb{R})$에 대해 $\lambda \begin{bmatrix} a_{11} & \cdots & a_{1n} \\ \cdots & & \cdots \\ a_{n1} & \cdots & a_{nn} \end{bmatrix} = \begin{bmatrix} \lambda a_{11} & \cdots & \lambda a_{1n} \\ \cdots & & \cdots \\ \lambda a_{n1} & \cdots & \lambda a_{nn} \end{bmatrix}$ $\in \mathrm{Mat}_{n \times n}(\mathbb{R})$이다.

과제 4.19 역원이 유일하므로 해도 유일하다. 예를 들어, 방정식 $ax = b$의 해 $x = a^{-1}b$에서 a^{-1}가 유일하므로 $a^{-1}b$도 유일하다.

과제 4.22 가. 일반적으로 $0 \neq 1$이다. 또한 모든 $x \in R$에 대해

$x \cdot 0 = 0 \cdot x = 0 \neq 1$이다. 그러므로 0의 곱셈에 관한 역원은 존재하지 않는다.

나. $a \in R$가 영인자라고 하자. 즉, $a \neq 0$이고 $b \neq 0$이지만 $ab=0$인 b가 존재한다. 이제 a가 곱셈에 관한 역원을 가진다고 가정하면, $b=a^{-1}ab=a^{-1}0=0$이다. 이것은 모순이다. 그러므로 a가 영인자이면 곱셈에 관한 역원을 가질 수 없다.

과제 4.24 나. (1) $ax+b+(-b)=0+(-b)$: a, b는 체의 원소이므로 덧셈에 관한 역원이 존재한다.

(2) $ax+0=-b$: 덧셈에 관한 역원과 항등원

(3) $ax=-b$: 덧셈에 관한 항등원

(4) $a^{-1}ax=a^{-1}(-b)$: a는 체의 0이 아닌 원소이므로 곱셈에 관한 역원이 존재한다.

(5) $1 \cdot x=\dfrac{1}{a} \cdot (-b)$: 곱셈에 관한 역원과 항등원

(6) $x=\dfrac{-b}{a}$: 곱셈에 관한 항등원

다. 자연수 집합의 경우를 예로 들어 생각하면 $x+3=2$ 등의 방정식의 근을 생각할 수 없다.

라. $x+3+x=2+3$

(1) $x+x+3=2+3$: 덧셈의 교환법칙

(2) $2x+3=2+3$: 덧셈에 대한 곱셈의 분배법칙

(3) $2x+3+(-3)=2+3+(-3)$: 덧셈에 관한 역원

(4) $2x+0=2+0$: 덧셈의 결합법칙, 덧셈에 관한 역원과 항등원

(5) $2x=2$: 덧셈에 관한 항등원

(6) $\frac{1}{2}\times 2x=\frac{1}{2}\times 2$: 곱셈에 관한 역원

(7) $x=1$: 곱셈에 관한 항등원

마. (1) 자리 값의 뜻, 결합법칙, 그리고 교환법칙에 의하여 100의 자리부터 계산하여도 옳은 답을 얻을 수 있음을 알 수 있다.

바. 결합법칙이나 분배법칙 등의 대수적 성질은 계산을 효율성 측면이 강조되어야 한다. 제시된 예는 그러한 점에서 적절하지 않다.

***과제 4.25** 가. 예를 들어, 다음 게임을 생각하여 보자.

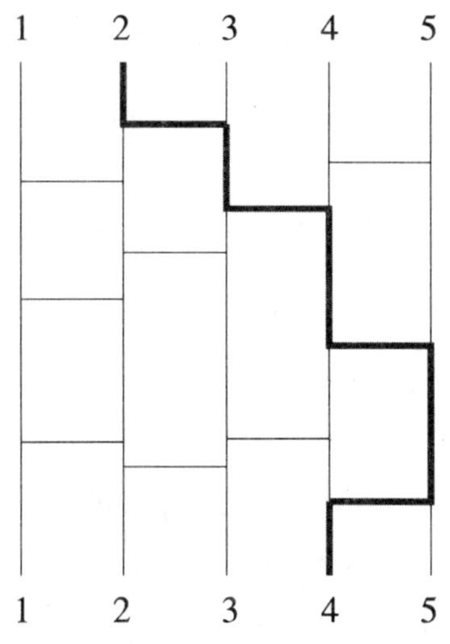

이 게임은 다음과 같이 호환의 곱으로 나타낼 수 있다.

(45)(23)(34)(12)(45)(12)(23)(34)(12)(45)(23)

여기서 치환의 곱은 왼쪽에서 오른쪽으로 하는 것으로 한다. 특히, 굵은 선은 (4 5)(4 5)(3 4)(2 3) = (3 4)(2 3)와 같이 나타낼 수 있다. 따라서 2는 처음 호환에 의하여 3으로 대응하고, 3은 두 번째 호환에 의하여 4로 대응하므로 2는 4로 대응하게 된다.

다른 예로서 다음을 생각하자.

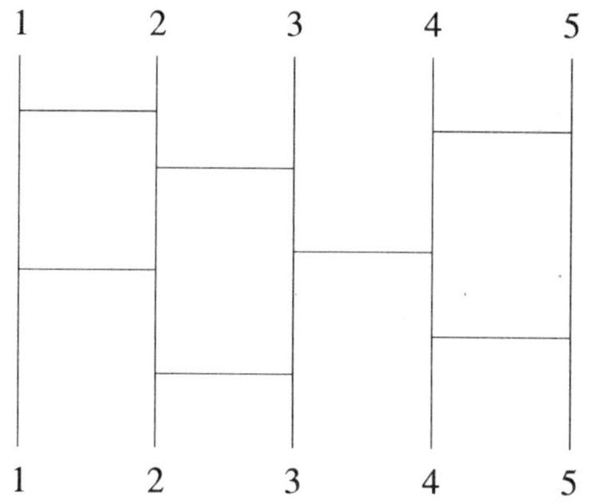

이 게임은 (23)(45)(12)(34)(23)(45)(12)와 같이 호환의 곱으로 나타낼 수 있다.

나. 각 호환은 일대일대응이고 두 일대일대응의 합성은 일대일대응이므로 사다리타기 게임은 일대일대응이다. 따라서 술래가 두 명일 수 없다.

다. 게임 (45)(23)(34)(12)(45)(12)(23)(34)(12)(45)(23)의 경우를 생각하자. 호환의 역원은 자기 자신이고, 군의 성질(정리4.18 나)로부터 $(xy)^{-1}=y^{-1}x^{-1}$이므로 치환 (45)(23)(34)(12)(45)(12)(23)(34)(12)(45)(23)의 역원은 이 치환의 호환을 역순으로 계산하여 얻으므로 (23)(45)(12)(34)(23)(12)(45)(12)(34)

(23)(45)이다. 예를 들어, 4로 대응하는 값이 술래라면 4의 역상을 구하면 된다. 위에서 구한 역원을 사용하면 4의 역상은 2임을 알 수 있다.

제 V 장

복 습

2\. 가. 군은 유한군과 무한군으로 나누어 생각할 수도 있고, 가환군과 비가환군으로 나누어 생각할 수 있다. $\mathbb{Z}$, $\mathbb{R}^2$, $\mathrm{Mat}_2(\mathbb{R})$, $\mathbb{Q}[x]$ 모두는 보통의 덧셈 연산에 관하여 무한 가환군이다. 유한 가환군의 예로서는 동치류 집합 $\mathbb{Z}_n$를 들 수 있다. 유한 비가환으로서는 대칭군 S_n을 들 수 있다. 한편,으로 나타낸다. 일반선형군 $GL_2(\mathbb{R})$은 무한 비가환군이다.

나. 환은 단위원(곱셈에 관한 항등원), 곱셈에 관한 교환법칙, 영인자, 그리고 곱셈에 관한 역원의 존재에 따라 여러 가지 종류를 생각할 수 있다. 단위원을 가지는 환, 정역, 나눗셈 환, 체 등은 각각 특정한 성질을 가지는 환이다.

과제 5.2 가. (1) $\mathbb{Z}$, $\mathbb{Q}$, $\mathbb{R}$은 모두 $\mathbb{C}$의 부분집합이고 $\mathbb{Z}$, $\mathbb{Q}$, $\mathbb{R}$에서의 덧셈 연산은 $\mathbb{C}$에서와 같다. $(\mathbb{Z}, +)$, $(\mathbb{Q}, +)$, $(\mathbb{R}, +)$은 군이므로 모두 $\mathbb{C}$의 부분군이다.

(2) $2\mathbb{Z} \subset \mathbb{Z}$이고 $2\mathbb{Z}$와 $\mathbb{Z}$에서의 덧셈 연산은 같다. $2\mathbb{Z}$는 군이므로 $\mathbb{Z}$의 부분군이다.

(3) $K \subseteq H$, $H \subseteq G$이면, $K \subseteq H \subseteq G$이고 각각의 연산은 모두 같다. 그러므로 K는 G의 부분군이다.

(4) 먼저 $\varnothing \neq H \subseteq \mathrm{Mat}_2(\mathbb{R})$이다. 이제 임의의 $\begin{pmatrix} a & 0 \\ 0 & b \end{pmatrix}$, $\begin{pmatrix} c & 0 \\ 0 & d \end{pmatrix} \in H$에 대하여 $\begin{pmatrix} a & 0 \\ 0 & b \end{pmatrix} + \begin{pmatrix} c & 0 \\ 0 & d \end{pmatrix} = \begin{pmatrix} a+c & 0 \\ 0 & b+d \end{pmatrix} \in H$이다. 한편, $\begin{pmatrix} 0 & 0 \\ 0 & 0 \end{pmatrix} \in H$이고 $-\begin{pmatrix} a & 0 \\ 0 & b \end{pmatrix} = \begin{pmatrix} -a & 0 \\ 0 & -b \end{pmatrix} \in H$이다. $\mathrm{Mat}_2(\mathbb{R})$에서 덧셈에 관한 결합법칙이 성립하므로 H는 $\mathrm{Mat}_2(\mathbb{R})$의 부분군이다.

(5) $\{1, (123), (132)\} \subset S_3$이고 $\{1, (12)\} \subset S_3$이며 각각의 집합은 연산에 관하여 닫혀있고 항등원 1을 포함하고 각 원소의 역원이 존재하므로 군이다. 따라서 모두 S_3의 부분군이다.

(7) $\mathbb{Z}_2$는 $\mathbb{Z}$의 부분집합도 아니거니와 $\mathbb{Z}_2$에서의 연산은 $\mathbb{Z}$에서의 연산과 다르다. 마찬가지로 $\mathbb{Z}_5$는 $\mathbb{Z}_6$의 부분군이 아니다. $\mathbb{Z}_5$는 $\mathbb{Z}_6$의 부분집합도 아니거니와 $\mathbb{Z}_5$에서의 연산은 $\mathbb{Z}_6$에서의 연산과 다르다.

(8) H와 G의 항등원을 각각 e, e'이라고 하면 G에서 $ee = ee'$이다. 따라서 $e = e'$이다. $h \in H$의 H와 G에서의 역원

을 각각 h', h''이라고 하면 G에서 $hh'=hh''$이다. 따라서 $h'=h''$이다.

과제 5.4 가. (3) 군 G의 항등원을 e라고 하면 모든 α에 대해 $e \in H_\alpha \subset H$이다. 따라서 $H \neq \varnothing$이다. 이제 a, $b \in H$라고 하면 모든 α에 대하여 $a \in H_\alpha$, $b \in H_\alpha$이다.

따라서 $ab^{-1} \in \cap H_\alpha = H$이다.

나. $H_1 = \{1, (123), (132)\}$, $H_2 = \{1, (12)\}$라고 하면, H_1, H_2는 모두 S_3의 부분군이다. 그러나 $H_1 \cup H_2 = \{1, (12), (123), (132)\}$는 S_3의 부분군이 아니다. 사실, $(123)(12) = (13) \notin H_1 \cup H_2$이다.

과제 5.6 가. $(\mathbb{Z}, +, \cdot)$, $(\mathbb{Q}, +, \cdot)$, $(\mathbb{R}, +, \cdot)$ 및 $(\mathbb{C}, +, \cdot)$는 모두 환이다. 또한 서로 같은 연산이므로 $\mathbb{Z}$는 $\mathbb{Q}$의, $\mathbb{Q}$는 $\mathbb{R}$의, $\mathbb{R}$은 $\mathbb{C}$의 부분환이다.

나. 환 $2\mathbb{Z}$에 곱셈에 관한 항등원이 있다면 그것은 1이다. 그러나 1은 $2\mathbb{Z}$에 없으므로 $2\mathbb{Z}$는 곱셈에 관한 항등원을 가지지 않는다.

라. $S \subseteq R \subseteq T$이고, 각각에서의 덧셈, 곱셈 연산이 같으므로 $S \leq R \leq T$이다.

과제 5.8 가. 부분환 $\mathbb{Z}$, $\mathbb{Q}$, $\mathbb{R}$은 곱셈에 관하여 닫혀있다.

나. $(2\mathbb{Z}, +, \cdot)$도 부분환으로서 곱셈에 관하여 닫혀있다.

다. 환 $\mathbb{Z}$의 임의의 부분환에서 덧셈만을 생각한다면 $(\mathbb{Z}, +)$

의 부분군이다. 그런데 $(\mathbb{Z}, +)$의 부분군은 $(n\mathbb{Z}, +)$꼴이므로, 환 $\mathbb{Z}$의 부분환은 $(n\mathbb{Z}, +, \cdot)$의 꼴이어야 한다. 한편, 임의의 자연수 n에 대하여 $(n\mathbb{Z}, +, \cdot)$은 모두 $(\mathbb{Z}, +, \cdot)$의 부분환이다.

라. 환 $\mathrm{Mat}_2(\mathbb{R})$에서 대각 행렬 전체의 집합은 덧셈만 생각하면 부분군이다(과제 5.2 가. (4)). 이제 $\begin{pmatrix} a & 0 \\ 0 & b \end{pmatrix}, \begin{pmatrix} c & 0 \\ 0 & d \end{pmatrix} \in H$에 대하여 $\begin{pmatrix} a & 0 \\ 0 & b \end{pmatrix}\begin{pmatrix} c & 0 \\ 0 & d \end{pmatrix} = \begin{pmatrix} ac & 0 \\ 0 & bd \end{pmatrix} \in H$이고 곱셈에 관한 교환법칙과 덧셈에 관한 곱셈의 분배법칙이 성립하므로 대각 행렬 전체의 집합은 부분환이다.

과제 5.9 가. $\varnothing \neq W_1 \subset \mathbb{R}^2$이고, W_1은 벡터공간 $\mathbb{R}^2$에서 정의된 동일한 덧셈, 스칼라배에 대하여 벡터 공간이다. W_2, W_3의 경우도 마찬가지이다.

나. $(0, 0) \notin W_4$ 즉, W_4는 덧셈에 관한 항등원을 가지지 아니함으로 부분공간이 아니다. 다음과 같이 덧셈에 관하여 닫혀있지 아니함을 보임으로써 W_4는 부분공간이 아님을 보일 수도 있다.

$(0, 1), (1, 2) \in W_4$이지만 $(0, 1) + (1, 2) = (1, 3) \notin W_4$이다.

과제 5.11 가. $(\Rightarrow)$ 분명하다.

$(\Leftarrow)$ 먼저 $W \neq \varnothing$이므로, $\exists x \in W$이다. 이제 $\lambda=0$로 놓으면, $\lambda x = 0x = 0 \in W$. 따라서 W에는 항등원이 존재한다. 이제 $w \in W$를 임의의 원소라고 하면, $\lambda = -1$를 택함으로써

$\lambda w=(-1)w=-w\in W$임을 알 수 있다. 따라서 W의 모든 원소는 W 안에 역원을 가진다. 이 밖의 나머지 성질은 쉽게 확인할 수 있다.

나. (1) $(x,\ 0)+(y,\ 0)=(x+y,\ 0)\in W_1$, $\lambda(x,\ 0)=(\lambda x,\ 0)\in W_1$이므로 W_1은 부분공간이다. 나머지 경우에도 마찬가지이다.

(2) $(0,\ 1),\ (1,\ 2)\in W_4$이지만 $(0,\ 1)+(1,\ 2)=(1,\ 3)\notin W_4$이므로 부분공간이 될 수 없다.

과제 5.13 가. x의 동치류를 $\bar{x}$로 나타내고, $\bar{x}=Hx$임을 보임으로써 증명한다.

$y\in\bar{x}$이면 $yx^{-1}\in H$이다. 즉, $yx^{-1}=h$, $h\in H$이다. 따라서 $y=hx$ 즉, $y\in Hx$이므로 $\bar{x}\subset Hx$이다. 이제 $y\in Hx$라고 하면 $y=hx$, $h\in H$이므로 $yx^{-1}=h\in H$이다. 따라서 $y\in\bar{x}$이고 $Hx\subset\bar{x}$이다.

나. (1) H는 G의 항등원의 동치류 즉, He이다.

(2) $He=H$가 항등원을 갖고 있으므로, 그 외의 동치류에는 항등원이 없으므로 부분군이 될 수 없다.

라. (1) (가) 반사율 : 임의의 $x\in H$에 대하여 $x^{-1}x=e\in H$이므로 $x\sim x$이다.

(나) 대칭률 : $x\sim y$이면 $x^{-1}y\in H$이다. 이제 H가 부분군이므로 $(x^{-1}y)^{-1}=y^{-1}x\in H$ 즉, $y\sim x$이다.

(다) 추이율 : $x\sim y$이고 $y\sim z$이면 $x^{-1}y\in H$이고 $y^{-1}z$

$\in H$이다. H가 부분군이므로 $(x^{-1}y)(y^{-1}z) \in H$ 이면 $x^{-1}z \in H$ 즉, $x \sim z$이다.

과제 5.16 가. (1) G가 가환군이므로 임의의 $x \in G$, $h \in H$에 대하여 $xh = hx$이다.

(2) $H+k=\{nh+k \mid h \in Z\}$이고 $k+H=\{k+nh \mid h \in Z\}$이므로 둘은 같은 집합이다.

다. 주어진 부분군의 위수는 1, 2, 3, 6으로서 모두 $|S_3|=6$의 약수이다.

과제 5.18 나. (1) $a\mathbb{Z}$는 공집합이 아니고 덧셈과 뺄셈에 관하여 닫혀있으므로 $\mathbb{Z}$의 부분군이다.

(2) 예를 들어, $2 \in 2\mathbb{Z} \cup 3\mathbb{Z}$이고 $3 \in 2\mathbb{Z} \cup 3\mathbb{Z}$이지만 $2+3=5 \notin 2\mathbb{Z} \cup 3\mathbb{Z}$이므로 $2\mathbb{Z} \cup 3\mathbb{Z}$는 덧셈에 관하여 닫혀있지 않다. 따라서 $2\mathbb{Z} \cup 3\mathbb{Z}$는 $\mathbb{Z}$의 부분군이 아니다.

(3) 임의의 두 정수 a와 b에 대하여 $a\mathbb{Z}+b\mathbb{Z}=d\mathbb{Z}$, $d=(a, b)$이므로 $a\mathbb{Z}+b\mathbb{Z}$는 $\mathbb{Z}$의 부분군이다.

(4) 위 (2)에서 이 사실을 알 수 있다.

(5) $a \in H \cup K$이면 $a \in H$ 또는 $a \in K$이고, 이 중 어느 경우라 하더라도 $a \in HK$이다. 사실, $H \le G, K \le G$이므로 $e \in H$, $e \in K$이다. 임의의 $h \in H$에 대하여 $h = he \in HK$이다. 따라서 $H \subset HK$이다. 마찬가지 방법으로 $K \subset HK$이다. 따라서 $H \cup K \subset HK$이다.

(6) e를 군 G의 항등원이라 하면 $e \in H$이고 $e \in K$이다. 따라서 $e \in HK$이다. 즉, $HK \neq \varnothing$이다. 이제 임의의 a, $b \in HK$에 대해 $a=h_1k_1$, $b=h_2k$인 h_1, $h_2 \in H$와 k_1, $k_2 \in K$가 존재한다. $ab^{-1}=(h_1k_1)(h_2k_2)^{-1}=h_1k_1k_2^{-1}h_2^{-1}=h_1k_3h_2^{-1}$, $k_3 \in K$이다. 따라서 $ab^{-1}=h_1h_2^{-1}k_3=h_3k$, $h_3 \in H$이다. 따라서 $HK \leq G$이다.

과제 5.19 가. $1+\sqrt{2} \in \mathbb{Q}$라고 하자. $1 \in \mathbb{Q}$이고, $\mathbb{Q}$는 체이므로, 덧셈에 관하여 닫혀있다. 따라서 $1+\sqrt{2}+(-1)=\sqrt{2} \in \mathbb{Q}$인데 이는 모순이다. 결국 $1+\sqrt{2}$는 무리수이다.

나. $1+i \in \mathbb{R}$라고 하자. $1 \in \mathbb{R}$이고, $\mathbb{R}$은 체이므로, 덧셈에 관하여 닫혀있다. 따라서 $1+i+(-1)=i \in \mathbb{R}$인데 이는 모순이다. 결국 $1+i$는 실수가 아니다.

제VI장

복 습

2. 가. 하나의 군(환)과 그 군의 한 부분군(부분환)이 주어지면 그 부분군(부분환)에 의한 동치관계가 자연스럽게 얻어진다.

나. 하나의 벡터공간과 그 벡터공간의 부분공간이 주어지면 그 부분공간에 의한 동치관계가 자연스럽게 얻어진다.

과제 6.2 가. 이 함수는 일대일대응임은 분명하다. 한편, 이 함수가 군준동형사상의 조건을 만족시킴을 일일이 확인할 수 있다.

나. 이 함수도 군준동형사상의 조건을 만족시킴을 일일이 확인할 수 있다.

과제 6.8 환준동형, 환동형, 동형

과제 6.10 가. 임의의 $x, y \in R$에 대하여 다음을 알 수 있다.

$$(g \circ f)(x+y) = g(f(x+y) = g(f(x)+f(y))$$
$$= g(f(x)) + g(f(y))$$
$$(g \circ f)(xy) = g(f(xy)) = g(f(x)f(y)) = g(f(x))g(f(y))$$

따라서 $g \circ f : R \rightarrow R''$도 환준동형사상이다.

나. (1) 먼저 $0 = f(0) \in \mathrm{Im}\, f$이므로, $\mathrm{Im}\, f \neq \varnothing$임을 알 수 있다. 이제 임의의 $x', y' \in \mathrm{Im}\, f$에 대하여 $f(x) = x'$, $f(y) = y'$인 $x, y \in R$가 있다. $x-y, xy \in R$이므로 $x'-y' = f(x) - f(y) = f(x-y) \in \mathrm{Im}\, f$이고 $x'y' = f(x)f(y) = f(xy) \in \mathrm{Im}\, f$이므로 $\mathrm{Im}\, f$는 R'의 부분환이다.

(2) 먼저 $0 \in \mathrm{Ker}\, f$이므로, $\mathrm{Ker}\, f \neq \varnothing$임을 알 수 있다. 이제 임의의 $a, b \in \mathrm{Ker}\, f$에 관하여 $f(a-b) = f(a) - f(b) = 0$이고 $f(ab) = f(a)f(b) = 0$. 따라서 $a-b, ab \in \mathrm{Ker}\, f$이므로 $\mathrm{Ker}\, f$는 R'의 부분환이다. 한편, 임의의 $a \in R$에 대하여 $f(ar) = f(a)f(r) = 0 \cdot f(r) = 0$, $f(ra) = f(r)f(a) = f(r) \cdot 0 = 0$이므로 $ar \in \mathrm{Ker}\, f$, $ra \in \mathrm{Ker}\, f$이

다. 따라서 Ker f는 R의 이데알이다.

과제 6.11 가. f가 위로의 사상이 아닐 경우에는 $f(1) \neq 1$가 가능하다. 예를 들어, $f : \mathbb{Z} \to \mathbb{Z}_2$; $f(a)=0$으로 정의하면 이 사상은 준 동형사상이지만 $f(1)=0 \neq 1$이다.

나. (1) f가 위로의 환준동형사상이면 임의의 $r' \in R'$에 대하여 $f(r)=r'$인 $r \in R$이 존재한다. 그 때 $f(r)=r'=f(1 \cdot r)=f(1)f(r)$이므로 $f(r)=f(1)f(r)$이다. 따라서 $f(1)=1$이다.

(2) $x \cdot x^{-1}=1$이므로 $1=f(1)=f(x \cdot x^{-1})=f(x)f(x^{-1})$이다. 그러므로 $f(x^{-1})$는 $f(x)$의 곱셈에 관한 역원이다.

과제 6.13 가. $h((x_1, y_1)+(x_2, y_2))=h(x_1+x_2, y_1+y_2)=(y_1+y_2, x_1+x_2)=(y_1, x_1)+(y_2, x_1)=h(x_1, y_1)+h(x_2, y_2)$

$h(\lambda(x_1, y_1))=h(\lambda x_1, \lambda y_1)=(\lambda y_1, \lambda x_1)=h(\lambda x_1, \lambda y_1)$

나. $f(1, 2)=(2, 2)$이고 $f(2, 3)=(6, 3)$이다. 이제 다음을 알 수 있다.

$$\begin{aligned} f((1, 2)+(2, 3)) &= f(3, 5)=(15, 5) \neq (8, 5) \\ &= f(1, 2)+f(2, 3) \end{aligned}$$

과제 6.17 가. 제7차 교육과정에서와 같이 비례관계로써 함수를 도입하는 것은 일본의 경우를 참고한 것으로 볼 수 있다. 비례관계는 대표적이고 중요한 함수이며, 비례관계는 학생들에게 어느 정도 자연스러운 개념이기 때문에 함수 개념을 비교적 자연스럽게 도입할 수 있게 한다. 그러나 비례관계가 아닌 함수를 도입할 때에는 별도의 도입을 해야 한다. 비례관계에 의한 함수의 도입은 중학교 1학년 과정에 도입되는 '집합'의 도입 명분을 약화시키기도 하였다. 한편, 현재의 교육과정에서와 같이 대응관계에 의한 함수의 도입은 '집합' 개념을 이미 학습한 경우에는 큰 어려움 없이 도입할 수 있지만 비례관계에 의한 것보다 다소 인위적이고 형식적인 측면이 있다. 물론, 대응관계에 의한 함수의 도입을 위해 형식화되고 개념화된 '집합'이 꼭 필요한 것은 아니다.

나. (1) 두 집합을 비교할 때에는 일반적으로 함수를 이용한다. 두 집합 X, Y에 대하여 함수 $f : X \to Y$가 다음 조건을 만족시키는 경우 일대일 함수(사상)라고 한다.

$$f(x_1)=f(x_2) \Rightarrow x_1 = x_2$$

한편, 함수 $f : X \to Y$가 다음 조건을 만족시키는 경우 위로의 함수(사상)라고 한다.

$$\forall x \in X,\ \ \exists y \in Y ; f(x)=y$$

함수 $f : X \to Y$가 일대일 함수이고 위로의 함수일 때 일대일 대응이라고 한다. 특히, 두 집합 사이에 일대일 대응이 존재하면 그 두 집합은 대등하다(equipotent)라고 한다. 어떤 집합이 자연수 전체의 집합 $\mathbb{N}$과 일대일 대응이 될 때 가부번 집합이라고 한다.

(2) 두 군의 비교에서는 군준동형사상이 사용된다. 일대일

대응인 군준동형사상을 군동형사상이라고 하고, 그 경우에 두 군의 대수적 구조는 같다고 할 수 있다. 두 환의 비교에서는 환준동형사상이 사용된다. 일대일대응인 환준동형사상을 환동형사상이라고 하고, 그 경우에 두 환의 대수적 구조는 같다고 할 수 있다. 두 벡터공간의 비교에서는 선형사상이 사용된다. 일대일대응인 선형사상을 동형사상이라고 하고, 그 경우에 두 벡터공간의 대수적 구조는 같다고 할 수 있다.

과제 6.21 나. 다음을 알 수 있다.

$$C_{ij}C_{ij}=I,$$
$$D_{ii}(a)D_{ii}(a^{-1})=D_{ii}(a^{-1})D_{ii}(a)=I,$$
$$E_{ij}(a)E_{ij}(-a)=E_{ij}(-a)E_{ij}(a)=I.$$

과제 6.22 나. 일반적으로 고등학교에서는 정칙행렬의 역행렬을 정리 6.35에 언급되는 방법으로 구한다.

과제 6.25 2차와 3차 행렬의 행렬식은 간단한 알고리즘으로 구할 수 있다. 즉, 2차 행렬의 경우에는 주대각성분의 곱에서 부대각성분의 곱을 빼면 되고, 3차 행렬의 경우에는 세 개의 주대각 방향의 성분의 곱의 합에서 세 개의 부대각 방향의 성분의 곱의 합을 빼면 된다. 이러한 방법을 Sarrus의 법칙이라고 한다.

과제 6.29 과제 4.9에서 일반선형군 $GL_2(\mathbb{R})$가 무한비가환군임을 살폈다. $GL_n(\mathbb{R})$가 무한비가환군임도 같은 방법으로 설명할 수 있다.

과제 6.34 가. $A=\begin{bmatrix}1 & 2\\3 & 4\end{bmatrix}$의 수반행렬은 $\text{adj}\ A=\begin{bmatrix}4 & -2\\-3 & 1\end{bmatrix}$이다.

나. $B=\begin{bmatrix}1 & 1 & 0\\0 & 1 & 1\\1 & 0 & 1\end{bmatrix}$의 수반행렬은 $\text{adj}\ B=\begin{bmatrix}1 & -1 & 1\\1 & 1 & -1\\-1 & 1 & 1\end{bmatrix}$이다.

다. (1) $A(\text{adj}\ A)=-2I=(\text{adj}\ A)A$

(2) $B(\text{adj}\ B)=2I=(\text{adj}\ B)B$

제Ⅶ장 마무리

평가 문항 I

1. 가. (1) 수리논리는 수학적 명제의 정당화 또는 진위를 논증함에 있어서 기본적인 논리를 제공한다. 수리논리에서는 결합자에 관한 공리 한정기호에 대한 공리가 있다. 결합자로서는 부정, 논리곱, 논리합, 조건부, 그리고 쌍조건부가 있고, 한정기호로서는 전칭기호와 존재기호가 있다.

(2) 한 집합 위에 정의된 관계의 성질로서 반사율, 대칭률, 반대칭률, 그리고 추이율이 있다. 반사율, 대칭률, 추이

율을 만족시키는 관계를 동치관계라고 하고, 반사율, 반대칭률, 추이율을 만족시키는 관계를 반순서관계라고 한다.

(3) 자연수 전체의 집합 $\mathbb{Z}$를 법 5로 합동관계를 정의하면 이 관계는 동치 관계이다. 이 동치관계로부터 얻어지는 동치류로 분할하면 다섯 개의 원소를 가지는 $\mathbb{Z}_5$를 얻는다.

(4) 일차방정식, 일차부정방정식, 일차합동식 등에서는 해의 존재성, 해의 개수, 그리고 해가 존재하는 경우의 해의 형태가 중요한 문제이다. 일반적으로 일차방정식의 경우에는 실수 전체의 집합에서 해를 찾으며 상황에 따라서 해가 없거나, 무수히 많거나 유일할 수 있다. 일차부정방정식에서 정수해만을 찾는 경우를 디오판투스 방정식이라고 하며 해가 없거나 무수히 많을 수 있다. 일차합동식은 주어진 법에 관한 일차방정식으로 볼 수 있는데 해가 없거나 유한개 있을 수 있다. 이상의 모든 경우에서 해가 존재하면 그 해의 구체적인 형태는 공식화할 수 있다.

(5) 대수적 구조로서는 여러 가지 생각할 수 있다. 그 중에서 군, 환, 벡터공간의 구조가 대표적이다. 한편, 집합에서 부분집합을 생각하듯이 대수적 구조에서도 부분구조를 생각할 수 있다. 군, 환, 벡터공간 각각의 부분구조를 부분군, 부분환, 부분공간이라고 한다.

(6) 어떤 군과 그 군의 부분군 하나가 주어지면 그 부분군에 의하여 원래의 군에 동치관계를 정의할 수 있다. 유한군의 경우에는 이러한 과정을 통하여 동치류의 개수

와 각 동치류의 위수 사이의 관계를 알 수 있는데, 라그랑쥬 정리는 이에 관한 것이다.

(7) 두 집합을 비교하는 방법으로서 유용한 것이 함수를 사용하는 것이다. 함수가 일대일 사상이거나 위로의 사상이면 두 집합에 대하여 유용한 정보를 얻을 수 있다. 특히 함수가 일대일 대응이면 그 두 집합은 '거의 같다'라고 하여도 큰 무리가 없다. 사실이 경우 두 집합이 '대등하다(equipotent)'라고 한다. 예를 들어 가부번 집합은 자연수 전체의 집합과 대등한 집합을 말한다. 두 개의 대수적 구조의 비교할 때에는 집합론적인 성질보다 대수적인 성질이 더 우선적으로 고려되어야 한다. 그러기 때문에 군(환) 준동형사상, 군(환) 동형사상, 선형사상, 선형 동형사상 등의 특별한 함수(사상)를 활용한다.

(7)′ 집합의 비교에서 함수는 중요한 역할을 한다. 특히, 두 집합 사이에 일대일대응이 존재하면 그 두 집합을 대등한 집합이라고 한다. 대수적 구조의 비교에서도 함수가 중요한 역할을 하는데 이 함수들은 대수적 구조를 보존하여야 한다. 이 함수들을 군, 환, 벡터공간 각각에 따라 군준동형사상, 환준동형사상, 선형사상이라고 한다. 이 함수들이 일대일대응일 때, 이 함수를 동형사상이라고 하고, 그 때, 비교되는 두 대수적 구조는 동형, 즉 동형구조라고 한다.

(8) 군준동형사상 $f : G \to H$이 주어지면 G의 부분군 $\mathrm{Ker}\, f$와 H의 부분군 $\mathrm{Im}\, f$을 구할 수 있다. 군준동형사상 $f : G \to H$이 단사(일대일)이기 위한 필요충분조건은

Ker $f=\{e\}$이고, 군준동형사상 $f:G\to H$이 전사(위로의)이기 위한 필요충분조건 Im $f=H$이다.

(8)′ 군준동형사상 $f:G\to H$가 주어지면 그 함수의 핵 Ker f과 상 Im f를 구할 수 있다. 군준동형사상이 단사(일대일)이기 위한 필요충분조건은 Ker $f=\{e\}$이고, 군준동형사상이 전사(위로의)이기 위한 필요충분조건은 Im $f=H$이다.

나. (1) 집합론에서 한 개 또는 두 개 이상의 명제를 결합하기 위하여 주로 사용하는 결합자(connective)는 '아니다($\sim$)', '그리고($\wedge$)', '또는($\vee$)', '이면($\rightarrow$)', '이면 그리고 그때에 한해서만($\leftrightarrow$)'이다. 이에 관한 자세한 설명을 위해서는 과제 2.1을 참고하여라.

2. 나. (가) $|G|=1$이면, $G=\{e\}$이다. 두 군 $(0, +)$와 $(1, \times)$은 모습은 서로 다르지만 같은 군으로 볼 수 있다.

(나) $|G|=2$이면 $G=\{e, x\}$, $x^2=e$이다. 두 군 $(\mathbb{Z}_2, +)$와 $(\{1, -1\}, \times)$은 같은 군으로 볼 수 있다.

(다) $|G|=3$이면 $G=\{e, x, y\}$, $x^2=y$이다. 또, $xy=e$임을 알 수 있다. 군 $G=(\mathbb{Z}_3, +)$은 이러한 군이다. $|G|=3$인 군은 모두 $G=(\mathbb{Z}_3, +)$와 같다.

라. (1) 벡터 $(x, y)\in\mathbb{R}^2$의 스칼라 $\lambda\in\mathbb{R}$에 의한 스칼라배는 $\lambda(x, y)=(\lambda x, \lambda y)\in\mathbb{R}^2$이다.

(2) 벡터 $\begin{bmatrix} a_{11} & \cdots & a_{1n} \\ \vdots & & \vdots \\ a_{n1} & \cdots & a_{nn} \end{bmatrix}\in\mathrm{Mat}_n(\mathbb{R})$의 스칼라 $\lambda\in\mathbb{R}$에 의한

스칼라배는 $\begin{bmatrix} \lambda a_{11} & \cdots & \lambda a_{1n} \\ \vdots & & \vdots \\ \lambda a_{n1} & \cdots & \lambda a_{nn} \end{bmatrix} \in \mathrm{Mat}_n(\mathbb{R})$이다.

평가 문항 Ⅱ

1. 라.

   대수학의 기본 정리는 해의 존재성 또는 해의 형태에 관한 것으로서 복소 계수 다항식의 해는 복소수라는 것이다.

2. 다.

   러셀의 역설로부터 '집합' 구성에 적절한 절차를 거쳐야 함을 알 수 있다. 모든 모임을 집합이라고 하면 안 된다.

3. 가.

   조건문 형태의 명제에서 가정이 거짓이면 결론의 참·거짓에 불문하고 원래의 명제는 참이라는 것으로부터 유도될 수 있다.

4. 라.

   행렬식의 정의에서 벡터공간의 개념은 직접적으로 개입되지 않는다.

5. 라.

   10은 9를 법으로 하여 1과 합동이라는 사실과 합동식의 기본적인 성질이 이용된다.

6. 다.

   $\mathbb{Q}(\sqrt{2})$가 체임을 보이기 위해서는 $\mathbb{Q}(\sqrt{2})$의 임의의 0이 아닌 원소가 $\mathbb{Q}(\sqrt{2})$ 안에 곱셈에 관한 역원을 가짐도 보여

야 한다. $\frac{1}{1+\sqrt{2}}$는 $\mathbb{Q}(\sqrt{2})$의 한 원소인데 분모의 유리화와는 $\frac{1}{1+\sqrt{2}}$의 곱셈에 관한 역원이 $\mathbb{Q}(\sqrt{2})$ 안에 있음을 보이는 과정으로 이해할 수 있다.

7. 나.

예를 들어, '1은 주어진 두 자연수의 최소공배수'라고 정의할 수 있을 것이나 그러한 정의에 수학적 의의를 기대하기 어렵다.

8. 가.

$0 \neq 1$라고 약속하면 여러 면에서 편리하다. 예를 들어, ${}_nC_r = \frac{n!}{r!(n-r)!}$이라는 관계가 $n=r$인 경우에도 성립하게 된다.

9. 가.

연립방정식 $AX=B$의 해의 존재성과 유일성에 관하여 행렬 A의 정칙성(non-singularity) 즉, 행렬식이 관건이다. 예를 들어, 행렬 A의 행렬식이 0이 아니면 A는 정칙이고 연립방정식 $AX=B$는 유일한 해를 가진다.

10. 가.

일차 합동식 $ax \equiv b \pmod{n}$의 해의 존재성과 개수에 관하여 a와 n의 최대공약수가 관건이다. 예를 들어, a와 n가 서로소이면 $ax \equiv b \pmod{n}$는 유일한 해를 가진다.

11. 라.

무수히 많은 항을 더할 때 교환법칙, 결합법칙, 그리고 분배법칙은 성립하지 않을 수 있다. 즉, 그러한 대수적 법칙을 적용하기 전에 급수의 수렴성 등이 먼저 고려되어야 한다. 그러나 항등원의 경우는 아무런 제약 조건 없이 적용할 수 있다.

12. 가.

세 점 $A(x_1, y_1)$, $B(x_2, y_2)$, $C(x_3, y_3)$을 꼭지점으로 이루어지는 삼각형의 넓이는 $\frac{1}{2}\begin{vmatrix} x_1 & y_1 & 1 \\ x_2 & y_2 & 1 \\ x_3 & y_3 & 1 \end{vmatrix}$ 이다.

13. 다.

원소의 개수가 n개인 집합의 부분집합은 각각의 원소를 포함하든가 그렇지 않든가이다. 따라서 각 원소가 취할 수 있는 경우의 수는 2이다. 따라서 원소의 개수가 n개인 집합의 부분집합의 개수는 2^n이다. 이는 원소의 개수가 n개인 집합에서 $\{0, 1\}$로의 함수 전체의 개수라고 할 수 있다. 한편, 다음과 같이 설명할 수도 있다. 즉, 원소의 개수가 0개, 1개, $\cdots$, n개인 것이 있다. 원소의 개수가 0개인 부분집합은 공집합으로서 그 개수는 ${}_nC_0=1$이다. 원소의 개수가 1개인 부분집합의 개수는 ${}_nC_1$이다. 마찬가지 방법으로 각 경우를 구하여 더하면 ${}_nC_0+{}_nC_1+{}_nC_2+\cdots+{}_nC_n=2^n$이다.

14. 나.

과제 3.37 참조

15. 나.

$\mathbb{Q}$와 $\mathbb{R}$에는 0이 포함되어 있고 0의 곱셈의 역원이 존재하지 않으므로 나눗셈이 잘 정의되지 않는다. 그러나 $\mathbb{Q}^*$에는 0이 포함되어 있지 않고 0이 아닌 유리수의 곱셈에 관한 역원은

0이 아니며 0이 아닌 두 유리수의 곱은 유리수이므로 $\mathbb{Q}^*$에는 나눗셈이 잘 정의된다.

16. 나.

진법은 수를 표현하는 방법일 뿐이다. 즉, $101_{(2)}+101_{(5)}$는 십진법으로 표현하면 5+26일 뿐이다.

17. 다.

모든 자연수는 물론 모든 유리수도 이진법으로 나타낼 수 있다. 십진법으로 표현된 분수 $\frac{1}{5}$을 십진법으로 하여 소수(小數)로 나타내면 0.2이지만 십진법으로 하여 소수로 나타내면 $0.00110011\cdots_{(2)}$이다. 한편, $\frac{1}{2}$을 이진법으로 나타내면 $0.1_{(2)}$이다.

18. 다.

소수정리(prime number theorem)는 소수의 분포에 관한 것이고, 인수정리(factor theorem)는 다항식의 일차인수에 관한 것이며, 대수학의 기본정리(fundamental theorem of algebra)는 다항식의 근의 존재 또는 형태에 관한 것이다.

19. 다.

주어진 명제는 $p \rightarrow (q \vee r)$와 같은 형태로서 $p \rightarrow (q \vee r) \equiv (p \wedge \sim q) \rightarrow r$라는 사실을 이용하여 그 타당성을 논증할 수 있다.

20. 다.

p이면 $x \geq 0$이고, $y<0$이면 q이다. 이들 두 명제의 대우는 각각 참이다.

21. 가.

지수법칙에 의하면 임의의 세 수 $a(\neq 0)$, m, n에 대하여 $a^{m+n}=a^m+a^n$이다. 0이 아닌 임의의 수 a에 대하여 $a^0=1$이라고 정의하면 위 지수법칙은 m, n의 모든 경우에 성립한다.

22. 다.

일반적으로, 0이 아닌 임의의 수 a에 대하여 $a^0=1$라고 정의하고, 0이 아닌 임의의 수 n에 대하여 $0^n=0$라고 정의한다. 따라서 0^0는 정의하지 않는다.

23. 나.

대수학에서는 주어진 집합과 거기에 정의된 연산에 관한 성질을 주로 논의한다. 군, 환, 벡터공간 등의 대수적 구조는 이러한 상황에서 정의된다.

24. 다.

뺄셈에 관해서는 교환법칙과 결합법칙이 성립하지 않는다. 나눗셈은 0이 존재하는 어떠한 수의 집합에서도 정의될 수 없다.

25. 나.

$\mathbb{Z}$와 $\mathbb{Z}_7$는 정역이지만 $\mathbb{Z}_6$은 그렇지 않다.

26. 다.

일반적으로 $\frac{1}{2}$, $\frac{1}{3}$를 각각 2, 3의 곱셈에 관한 역원으로 이해한다. $\mathbb{Z}_7$는 체이므로 $\frac{1}{2}+\frac{1}{3}$의 계산이 가능하지만 $\mathbb{Z}$와 $\mathbb{Z}_6$에서는 $2\in\mathbb{Z}$, $3\in\mathbb{Z}_6$의 곱셈에 관한 역원이 존재하지 않음으로 $\frac{1}{2}+\frac{1}{3}$의 계산이 가능하지 않다.

참고문헌

교육인적자원부(2002). 수학(1가－6나).

박승안(2000). 대수학과 그 응용, 경문사.

박승안(2003). 암호학과 부호이론, 경문사.

신현용(2006). 교사를 위한 현대대수학, 한국수학교육학회 수학교사 시리즈1, 교우사.

신현용(2007a). 교사를 위한 집합론, 한국수학교육학회 수학교사 시리즈4, 교우사.

신현용(2007b). 교사를 위한 정수론, 한국수학교육학회 수학교사 시리즈5, 교우사.

신현용(2007c). 교사를 위한 선형대수학, 한국수학교육학회 수학교사 시리즈6, 교우사.

영문 찾아보기

[A]

Abel 110
abelian group 87
actual infinity 23
adjoint 155
algebraic numbers 24
algebraic structure 85
anti-symmetric 22
associative 37, 91
associative law 19
axiom of choice 21, 29
axiom of specification 29

[B]

Banach-Tarski paradox 28
Barber of Seville 29
biconditional 18, 163
binary operation 36
bit 158

[C]

Cantor 27
Cantor set 24
Cartesian product 19, 36
chain 22
characteristic 21
Chinese Remainder Theorem 75
closed 36
Coding Theory 131
cofacor 153
cofactor matrix 155
coin flipping by telephone 80
commutative 39, 91
commutative law 18
commutative ring 88
complete 4
composition 21
conditional 18, 163
congruence 132
conjunction 17, 163
connective 17, 163
constant 21
continuity 169

continuum hypothesis 30, 31
contradiction 19
convergency 169
coset 128
countable 3, 24
cyber 40

[D]

decimal number 56
decode 159
Dede kind 23
dense 4
density 169
denumerable 3, 23, 134
determinant 170
diagonal 24
difference 61
Diophantine 52
disjunction 18, 163
distributive law 19
division ring 89
divisor 41
domain 19

[E]

eigenvalue 170
eigenvector 170
elementary matrices 146
elementary row operations 147
elliptic geometry 27
encode 159
equipotence 23
equipotent 132
equivalence relation 20
error correction 159
error detection 159
Euclid 50
Euclidean geometry 27
even permutation 150, 169
existential quantifier 18, 163

[F]

feasible 79
field 89, 169
finite group 87
finite ring 89
Foundations of Arithmetic 27
Foundations of Mathematics 1
Frege 27
function 20
Fundamental Theorem of Algebra 168

[G]

GCD : greatest common divisor 43
general linear group 93, 152
Gödel 28, 31

golden ratio 108
group 85, 86
group homomorphism 135
group isomorphism 135

[H]
Hardy 40
Hasse diagram 51
Hausdorff maximality principle 30
Hempel's Paradox 18
Hilbert 28
hyperbolic geometry 27

[I]
ideal 130
identity 21, 37, 91
image 19, 144
incompleteness theorems 28, 31
index 127
infeasible 79
infinite group 87
infinite ring 89
injective 21
integral domain 89
inverse 38, 91
inverse element 38
inverse images 21
inverse relation 19
irrational number 4
isomorphic 135, 140, 144
isomorphism 144

[J]
justification 17

[K]
kernel 144
key distribution 80
Kronecker 24, 27

[L]
Lagrange 127
lattice diagram 51
LCM : least common multiple 43
left coset 127
linear 22
Linear Algebra 146
lower bound 22

[M]
maximal element 23
minimal element 23
minor 153
modulus 61, 72, 84, 94, 137, 171
multiple 41

[N]

National Research Council 13
negation 17, 163
neutral geometry 27
non-commutative 21
non-commutative ring 88
non-constructive proof 24
non-denumerable 24
Non-Euclidean geometry 27
normal subgroup 130
notation 21
number counting 17
number words 81

[O]

odd permutation 150, 169
one-way function 79
operation 35, 176
order 87, 89
order relation 22

[P]

partial order 22
partition 20
Peano 32
primality test 79
prime number 39, 56, 169
principle of transfinite induction 30
proof 17

[Q]

quantifier 17, 163

[R]

randomize 82
ratio 3, 108
rational number 3
reflection 95
reflexivity 20
relation 19
relatively prime 43
relatively prime in pairs 44
residue class modulo m 63
right coset 127
ring 86, 88
ring homomorphism 140
ring isomorphism 140
ring with identity 88
rotation 95
Ruffini 110
Russell 27, 29

[S]

Sarrus 151
sign 169
subgroup 114
subring 118

subspace 121
surjective 21
symmetric channel 158
symmetric group 94
symmetricity 20

[T]

tautology 19
the greatest lower bound 23
the greatest element 23
the least element 23
the least upper bound 22
trace 170
transcendental numbers 24
transitivity 20
transitive law 19
transpose 151
transposition 150
trivial subgroup 114
try-and-error 11, 48

[U]

uncountable 4
universal quantifier 18, 163
upper bound 22

[V]

vector space 86, 169
Venn diagram 26
verification 17
virtual infinity 23

[W]

well-order 23
well-ordering principle 30
well-defined 36
Whitehead 27
Wiles 53

[Z]

zero divisor 89
zero element 88
Zorn's lemma 30

한글 찾아보기

[ㄱ]
가부번 3, 23, 134
가산 24
가산 집합 3
가환군 87
가환환 88
격자도 51
결합 37, 91
결합법칙 19
결합자 17, 163
고유벡터 170
고유치 170
관계 19
교환 39, 91
교환법칙 18
군 85, 86
군동형사상 135
군준동형사상 135
극대원 23
극대원리 30
극소원 23
기본 행 연산 147
기본 행렬 146
기치환 150, 169
기호 21

[ㄴ]
나눗셈환 89
내역의 공리 29
논리곱 17, 163
논리합 18, 163

[ㄷ]
단위 21
단위원을 가지는 환 88
닫혀 있다 36
대각선 24
대등 23, 132
대수적 구조 85
대수적인 수 24
대수학의 기본 정리 168
대칭률 20
대칭통신로 158
데카르트 곱 19, 36

동전 던지기 80
동치관계 20
동형 135, 144
동형사상 144
디오판투스 52

[ㄹ]
라그랑쥬 127
러셀 27, 29
루피니 110

[ㅁ]
모순명제 19
무리수 4
무한군 87
무한환 89

[ㅂ]
바나흐-타르스키 역설 28
반대칭률 22
반사 95
반사율 20
반순서 관계 22
배수 41
법 61, 72, 84, 94, 137, 171
벡터공간 86, 169
벤 다이어그램 26
보통 대칭군 94
복호화 159
부분공간 121
부분군 114
부분환 118
부정 17, 163
부호 169
부호이론 131
부호화 159
분배법칙 19
분할 20
불완전성 정리 28, 31
비 3, 108
비가부번 24
비가산 4
비가환적 21
비가환환 88
비구성적 증명 24
비유클리드 기하학 27
비트 158

[ㅅ]
상 19, 144
상(像)공간 144
상계 22
상수 21
서로 소 43
선택 공리 29
선택공리 21
선형 22
선형대수학 146

세비아의 이발사 29
소수(小數) 56
소수(素數) 39, 56, 169
소행렬식 153
수 세기 17
수 이름 81
수렴성 169
수반행렬 155
수학기초론 1
순서관계 22
시행착오 11, 48
실무한 23
실현가능하다 79
실현가능하지 않다 79
쌍곡기하학 27
쌍마다 서로 소 44
쌍조건부 18, 163

[ㅇ]

아벨 110
약수 41
여인수 153
여인수 행렬 155
역관계 19
역상 21
역원 38, 91
연산 35, 176
연속성 169
연속체 가설 30, 31
연쇄 22
열쇠분배 80
영원 88
영인자 89
오류수정 159
오류탐지 159
와일즈 53
완비 4
우 분배법칙 39
우잉여류 127
우치환 150, 169
위로의(전사) 21
위수 87, 89
유리수 3
유클리드 50
유클리드 기하학 27
유한군 87
유한환 89
이데알 130
이접 18
이항연산 36
일대일(단사) 21
일반선형군 93, 152
일방향 함수 79
임의화 82
잉여류 63, 128

[ㅈ]

자명한 부분군 114

진치행렬 151
진칭기호 18, 163
정규부분군 130
정당화 17
정렬 23
정렬원리 30
정역 89
정의되어 있다 36
정의역 19
조건부 18, 163
조른의 보조정리 30
조밀 4
조밀성 169
존재기호 18, 163
좌 분배법칙 39
좌잉여류 127
중국인의 나머지 정리 75
중립기하학 27
증명 17
지수 127
집합 3

[ㅊ]
차 61
체 89, 169
초월수 24
초한귀납법의 원리 30
최대공약수 43
최대원 23
최대하계 22
최소공배수 43
최소상계 22
최소원 23
추이법칙 19
추이율 20

[ㅋ]
칸토어 27
칸토어집합 24
크로네커 27

[ㅌ]
타원기하학 27
트레이스 170
특성 21

[ㅍ]
페아노 공리 32
프레게 27

[ㅎ]
하계 22
하디 40
한정기호 17, 163
함수 20
합동 132
합성 21
합접 17, 163

항등원 37, 91
항진명제 19
핵 144
행렬식 170
허무한 23
헴펠의 역설 18
호환 150
화이트헤드 27
환 86, 88
황금비 108
회전 95
힐버트 28

신 현 용 교수

서울대학교 (학사)
서울대학교대학원 (석사)
University of Alabama (U.S.A.) (박사)
국립수학연구소 (Netherlands) (박사후)
한국수학교육학회장
수학과교육과정심의위원회(교육인적자원부) 위원장
제12차 국제수학교육대회(ICME12) 조직위원장
한국교원대학교 수학교육과 교수

초등학교 교사를 위한 대수학

2007년 3월 5일 초판 발행
2023년 11월 15일 초판 2쇄 발행

저 자 / 신현용
발행자 / 오판근
발행처 / 교우사

주 소 / 서울특별시 동대문구 약령시로 8 교우빌딩 2층
전 화 / 925-2861~2, 편집부 / 925-2825, 홈쇼핑 / 969-5762
팩 스 / 925-2860

E-mail / kyowoo@kyowoo.co.kr
홈페이지 / http://www.kyowoo.co.kr
북스토어(쇼핑몰) / http://www.kyowoo.co.kr

등록 / 1994. 3. 24 제1994-000013호

ISBN 978-89-8172-673-7 (93410)

값 22,000원